なぜ宇宙は人類をつくったのか

最先端の現代物理学が解明した「宇宙の意志」

神奈川大学名誉教授
桜井邦朋
Kunitomo Sakurai

祥伝社

なぜ宇宙は人類をつくったのか

まえがき

物理学の歴史を見ると、二十世紀の一〇〇年は、きわめて特異な時代だったと言えよう。

現代物理学（Modern Physics）と、私たちが呼んでいる学問体系が、プランク、アインシュタイン、ハイゼンベルク、シュレディンガー、ディラック、湯川《ゆかわ》（秀樹《ひでき》）、ファインマンほか、名前を挙げていけば切りがないくらい多くの天才たちによって切り拓《ひら》かれ、建設されたのが、この二十世紀だった。

この世紀は、時に「戦争の世紀」とも言われるように、この地球上の多くの国々を巻き込んだ、いわゆる世界大戦が二度も起きて、多くの国の人々が辛酸をなめた。

幸か不幸か、現代物理学の成果は原子核エネルギーの解放機構を生み出したが、それは原子爆弾として軍事技術に応用され、第二次世界大戦末期、我が国は二度にわたる惨禍《さんか》を被《こうむ》った。一方で、核兵器の完成は、第二次大戦以後〝核による平和〟の時代を招来《しょうらい》し、以後、現在まで世界大戦は起こっていない。

このように、現代物理学の成果が、国際政治の状況まで変えてしまったのが、現在の世界の姿である。

そして、この学問は現在でも、物質の究極構造の成り立ちのような極微の世界から、宇宙の創造と進化のような極大の世界にまで、自然現象のあらゆる研究領域に対し、研究のための理論と方法を提示しつつ、進歩しつづけている。

筆者は、一九三三年にこの世に送り出されてきて、一九五〇年代初めに京都大学理学部で学ぶという幸運に恵まれて以後、この現代物理学の進展の姿を身をもって体験し、その中で宇宙物理学と呼ばれる分野で研究を続けてきた。

私が学生だった一九五二年には、すでに現代物理学は見事に体系化されていたが、当時はまだ、私たちの周囲に広がる自然界を構成する物質の基本となる最小単位に関する素粒子物理学は今日のように発達しておらず、見方によっては揺籃《ようらん》期であった。

今でも鮮明に記憶しているのだが、湯川秀樹教授（当時）が「量子力学」の講義中に、現代物理学という学問の完成像について見通しを語られたことがあったが、その際にはまだクオークやレプトン、グルオンなどという粒子の名前は出てこなかった。

それどころか、「物理学は近い将来に完成像ができてしまう、それが先生が定年のときだ」と冗談を言い、ニヤッと笑みを浮かべられたそのときのお姿が、目をつむると今でも瞼《まぶた》に浮かぶ。

つまり、物理学に最終的な答えが見つかり完成される、言い換えれば、進歩に終わりがくるというのであった。大変僭越《せんえつ》なのだが、こんな大先生でも現代物理学が進歩していく先は見通せなかったのだと嬉しくなるのである。

自然科学の研究には、実は、これで終わりという到達点は存在しない。このような点に到達したと思っても、そこから、さらにいろいろな疑問や課題が出てくるのである。

この進歩の中にあって学び取った事柄を中心に、現代物理学という学問体系を、どのように見ているか。そうしてその将来はといった事柄について、筆者自身の体験を踏まえて語ったのが、本書である。

現代物理学の発展の歴史を振り返りながら、なぜこの宇宙が人類のような知性を持った生命を生み出したのか？　その知性によって自然現象を解明しつつある人類は〝神〟に取って代わりうるのか？　といった疑問に、私なりの回答を示していきたい。

筆者は、高エネルギー宇宙物理学という現代物理学の中のごく狭い領域について研究してきたのだが、幸運にも、それを通してこのような現代物理学の進歩を目の当たりにしてこられた。

誰もが了解しているように、私たち一人ひとりは、この世にたった一回だけ生命を吹き込まれて、現在の生を営む存在である。私はいま、現代物理学が成立し、躍進している時代に生きることができたことの幸せを噛み締めている。

そのうえで、この学問の進歩に対し、小さいながら貢献できたことが、このうえなく嬉しく、ありがたいことであると感じている。このようなことができたのも、多くの人に支えられてきたからであり、深く感謝している。

このたび、現代物理学という学問体系が、いかに築かれてきたのかについて、宇宙論との関連にも配慮して、将来の見通しにまでわたって、筆者がこの学問とどのように関わってきたかに触れながら語る機会を、この本を通じて与えられたことを感謝したい。

また、本書の出版に当たっては、編集部の高田秀樹氏にお力添え頂いたことを記し、感謝の意を表する次第である。

二〇〇八年十月

桜井《さくらい》邦朋《くにとも》

目次

第2章　宇宙の創造と進化を解き明かす秘密の扉
――自然のすべてを説明する「統一理論」への夢

第3章　宇宙はなぜ生命を生み出したのか
――生命を進化させたエネルギーの起源とは

第4章　なぜ人類は知性を持ったのか
――現代文明を生み出した「ことば」の歴史

装幀　中原達治
図版制作　ＤＡＸ

プロローグ

現代物理学は何をもたらしたか

現代物理学が変えた私たちの生活

二十世紀は、人類が築いてきた文明の歴史の中で、特異な時代であったと、遠い将来にわたって記憶されていくことであろう。

〝第二〟の科学革命の時代と時に呼ばれるこの一世紀において、現代物理学（Modern Physics）と私たちが呼ぶようになった学問分野が成立し、その成果が化学、生物学、天文学、地球科学などの他の自然科学の諸分野の研究に適用され、これら諸学の内容を革命的と評してよいほどに変えてしまった。

さらに、現代物理学の成果から生み出された多方面にわたる新しい技術は、私たちの生活様式まで大きく変えた。

自然科学と私たちが呼ぶ学問は、現代物理学も含めて、私たちの周囲に広がる自然界で起こる多種多様な現象、いわゆる自然現象の研究を目的としている。

自然界に生起する無限とも言ってよいほどの多様な現象が、いかなる原因で起こるのか、その現象の過程と結果がいかなる因果的な関わりからなるのか、これらの現象を引き起こす物質の成り立ちはどのようなものかといったことを明らかにする研究を通じて、論理的に説明（interpret）される。

そこには、自然現象を理解することを通じて、私たちの生活様式に何らかの利便をもたらそうといった目的は、本来存在しない。こうした目的は、技術に関わる事柄で、これらは自然科学における研究成果の応用に属するものである。

ただ、現在では、現代物理学のいろいろな分野における研究成果の多くが、技術開発と密接に結びつくようになっており、科学と技術開発との境界が明確に区別できない研究分野がたくさんある。また新しい技術が科学研究に応用されて新しい研究分野の創造に導く例もきわめて多くなっている。

このような時代は、人類の長い文明史の中にあって、現代にいたって初めて生み出されたのであって、その出現には、現代物理学の成立が不可欠であった。

物理学という学問は不思議な学問で、研究の対象とする自然現象を特定することがない。大は星々、銀河、さらには宇宙そのものといった極大の現象を研究対象とし、他方で小は極微な原子核や素粒子から物質の究極構造を担《にな》うクオークやレプトン、それらの間に働く相互作用、つまり力を媒介する基本粒子の働き方を研究対象とする。

もちろん、われわれ人間が知覚できる範囲の自然現象も物理学の研究対象だし、最近では生命に関わるいろいろな現象も、現代物理学の研究対象となってきている。

物理学における二つの柱

では、このように研究対象を限定しない現代物理学は、いかなる過程を経て創造されたのだろうか。

物理学（physics）という学問に、革命的な変化をもたらす兆候は、十九世紀末の最後の一〇年間に見られた。

一八九五年には、皆さんが健康診断の際に浴びるX線が発見されている。その後一年して自然放射能が発見されており、この現象はキュリー夫人の名前とともに多くの人に知られているにちがいない。さらに一八九八年には、物質の極微の単位とも考えられる電子と陽子が発見されている。

こうした諸発見はすべて現代物理学成立への橋渡しとなる重要な出来事であったが、十九世紀も押し迫った一九〇〇年の十二月半ばに、それまで予想もされなかった大発見がなされたのであった。

それは、光が小さなエネルギーの塊《かたまり》の集団からなり、このエネルギーの大きさが、波動としての光の周波数に比例（したがって波長に逆比例）しているというアイデアであった。これは、まず仮説として提案されたのだが、この塊のことを、この仮説を提案したマックス・プランクは〝エネルギー量子〟と呼んだ。

これが光子《こうし》（または光量子《こうりょうし》）と名づけられる小さな粒子として振る舞うのだと考えたのは、若い頃のアインシュタインであった。一九〇五年のことである。

光は粒子として振る舞うが、周波数（または波長）によって、エネルギーの大きさが決まるという、波動としての性質を合わせ持つ不思議な存在なのであった。

ところが、一九二三年になってフランスのド・ブロイーは、私たちが粒子だとして疑うことのなかった電子や陽子が、波動としての性質を持っているのだ、という大胆な仮説を提唱、これも実験から正しいことが立証された。

このような波動にして粒子としての振舞いをするという物質の究極の姿を理論的に記述する学問が、一九二五年にハイゼンベルク、シュレディンガー、ディラック、パウリといった天才たちによって確立され、後に量子力学と呼ばれるようになった。

この学問は、物質の究極構造をめぐる問題を解き明かす道具として、現代物理学の主柱の一つになっている。

今、主柱の一つと言ったのには理由がある。実は現代物理学を形成している柱には、もう一つがあって、それが相対（性理）論なのである。

この学問は、一九〇五年にアインシュタインによって、まず特殊相対論が確立されたことに端を発する。その後、一九一六年に再びアインシュタインにより、一般相対論が建設され、私たちが使っている時間と空間の概念を完全に変えてしまった。

このように、量子力学と相対論が、現代物理学の主柱となっているが、前者が極微の世界を研究する手段を提供するのに対し、後者は極微の世界から極大の世界にまでわたる時間と空間を扱っている。

また、量子力学の研究対象である光子、電子、陽子などの振舞いは、時間と空間の中で起こることを考慮すれば、相対論は極微から極大にまでわたる世界全体を通じて考慮されるべき学問なのである。

ヒトはどこまで神に近づけるのか

現代物理学は、このようなわけで、物質の究極構造のような極微の世界から、星々やその集団である銀河、さらにはそれらすべてを内に包み込んでしまう宇宙という極大の世界にいたるまで、あらゆる時間と空間の尺度を通じて成り立つ学問なのである。

このような学問が二十世紀の前半に確立され、それ以後、人類は時間と空間の尺度に対して、物質がどのような振舞いをするのかについて研究する手段を獲得していくのだが、現在も、この手段が拡大しつつあるのだという事実を、私たちは銘記すべきなのである。

これから、私はこの本で現代物理学の研究成果を踏まえて、宇宙物理学と呼ばれる物理学の一分科における研究が到達した成果について語っていくのだが、私にとって最も重要だと考えられるのは、なぜ、この宇宙は人類のような知性を持った生命を、その進化の過程で生み出したのかという疑問である。この疑問についても、私なりの結論について語りたいと考えている。

こうしたことについて考えながら、このような素晴らしい時代に生まれ合わせた幸せを、私はある種の運命的な出会いのように感じている。この幸せを、この本を手に取られる方々と共有できるとしたら、私の幸福感はさらに高められるにちがいないし、そうありたいと願いつつ書き綴《つづ》っていきたい。

その前にひと言触れておきたいことがある。

現代物理学という、自然界で観察（または観測）されるすべての現象を解き明かせると、自信をもって言える学問を手に入れることができたがために、研究者によっては〝神の手〟をすでに手にしてしまったのだと強調する向きがある。

彼らによれば、宇宙の創造から進化、その過程で起こったすべてを、人類は明らかにできるのだということになる。

〝神の手〟という全能の存在ともいうべきものを考えないまでも、この宇宙の〝デザイン原理〟を解き明かすカギ（Key）を、人類はすでに手に入れたと主張する研究者たちもいる。このデザイン原理はたまたま、現在の私たちが解き明かした内容からなるのだという人たちもあるが、一方でアインシュタインのように〝神がサイコロを振るはずがない〟、すなわちこの世界を決定するものは偶然ではないという研究者もいる。

このデザイン原理は、研究者の立場によっては〝宇宙の人間原理〟という表現が用いられることもある。このような表現は、アインシュタインの思想と一脈通じるところがあると言えよう。

今見たように、研究者の間にもいろいろな見方がある。この本では、生物学上ヒト科ヒト（Homo Sapiens）と分類される人類が〝神（God）〟と私たちが呼ぶ全能の存在にどれほど近づけるか、あるいは取って代われる存在となりうるのかという点にまで踏み込んで、私の考えを語っていきたい。

第1章

〝神〟に挑んだ天才たち

——宇宙創造の秘密に迫る

二つの「科学革命」

科学の歴史を顧《かえり》みたとき、その発展にとって画期的な時代が二つある。一つは十七世紀を中心とした時代で、ガリレオ、デカルト、ニュートン、ハイゲンス、パスカル、ライプニッツなどの天才たちが、現代科学の研究手法について、基礎となるものを築き上げている。この時代が「科学革命の時代」と呼ばれる所以《ゆえん》である。

自然現象を詳しく観察（または観測）し、その現象を作り出す要因をできるだけ摘出《てきしゅつ》し、それらの間の因果的な働きを解き明かし、対象とした現象を再現するという研究手法が確立されたのが、この時代であった。

この分析的・解析的な研究法は、科学研究の伝統となって二十世紀まで受け継がれてきた。この研究法に疑問が呈されるようになったのは、カオス（chaos）と呼ばれる現象が、二十世紀半ば過ぎに発見されて以後のことである。

科学史を画した時代の二つ目が、現代物理学が成立し、発展した二十世紀である。先に見た十七世紀を〝第一〟の科学革命の時代だとして、この時代は時に〝第二〟の科学革命の時代と呼ばれる。

ガリレオもニュートンもカソリック（Catholic）の信者であった。彼らにとって、宇宙の構成に関わる研究をし、それを解き明かすのは、神の所業について明らかにする試《こころ》みであり、神の万能について示すことへと通じていた。

このような心情は、現代において宇宙論（cosmology）の研究に邁進《まいしん》している人たちのものと、相通ずるものがあるように、私には感じられてならない。〝神の手〟や〝宇宙のデザイン原理〟といった考え方は、万能の神の所業という表現と相通ずるところがある。

この章では、宇宙の創造の秘密を解き明かすために、研究に突き進んだ天才たちが、どのような試みをし、この秘密に迫ったかについて考えてみることにしよう。

現代科学の幕開け――十七世紀の科学革命

物理学をはじめとした（自然）科学の諸分野はすべて、経験科学である。

なぜそのように言えるかというと、研究の対象として取り上げられた自然現象が成り立つ理由について、当の現象を起こすのに関わる要素を観察（または観測）を通じて摘出し、改めてそれらを組み合わせて、その現象が再現することを示すことができて、初めて理解できたとするからである。そのため、どうあるべきかを研究する規範科学ではありえない。

観察や観測によって、現象を成り立たせている要素を暴《あば》き出すのだから、この行き方は広い意味での経験に立脚したものだと言ってよい。科学の研究には実験がつきものだが、これは条件を整えて、純粋に余計な事柄を排除した経験なのである。その経験には、人間の感情による恣《し》意的なものが入ってはならないのは当然のことである。

科学の研究において、人間の感情や欲得など、人間の心理に関わることが捨象《しやしよう》されたところから、初めて現代科学に通じる道が開かれたのであった。

科学において、このような考え方が芽生《めば》えたのが、十七世紀のことであった。それ以前は恣意的に自然現象を解釈し、実験や観測(または観察)に基づかない客観性を欠いた説明が、自然現象に与えられてきた。

こうした客観性に欠けた自然現象についての説明では、科学に関わる事実、それに対する解釈、あるいは理論が、万人共通の合意に基づくものには到底いたらない。

こんなわけで科学研究における伝統的な方法となった分析的・解析的な行き方の成立には、人類史の中で長い時間を要し、十七世紀にいたって初めて、ごく少数の先駆者によって、確立されたのであった。

十七世紀が科学革命の世紀であると言われるのは、この時代に、現代においても通用する伝統的な研究法である分析的・解析的な方法ができてきたからである。

では、十七世紀はどんな時代だったのだろうか。まず気候の面からこの時代を見ると、十三世紀末から一八五〇年頃まで続いた〝小氷河期（Little Ice Age）〟の中で、最も寒冷化の厳しい時代であった。

例えば、ニュートンはこの厳しい寒冷期に生涯を過ごしたのである。一六四五年から一七一五年にかけての七〇年間は、マウンダー極小期と呼ばれる寒冷化が最も著《いちじる》しい時代であり、農業生産がままならず、多くの人が飢餓に苦しんだだけでなく、ペストが繰り返し流行した。

こうした厳しい時代の姿を活写したのが、ダニエル・デフォーの『ペスト年代記』である。この人は『ロビンソン・クルーソー』の著者として有名だが、時代の証言となるこのような書物も著《あらわ》しているのである。

マウンダー極小期の成因は現在、太陽活動が極端に弱まり、それに伴って太陽から地球環境に降り注ぐ光エネルギー量が、長期にわたって減少したことによるとされている。

言うならば、このような希望のない暗い時代に、幾多《いくた》の天才たちが生まれ、科学革命の世紀と言われる時代を切り拓いたのは驚きだが、逆にこんな時代だったからこそ、ヨーロッパ世界には近代国家が誕生したと言えるのではないだろうか。

人々は、寒気に閉ざされた中で、家の中にあって神と直接向き合いながら自己の信仰についても、また国家の命運についても真剣に考えたのではないか。イギリスにピューリタン革命が起こったのもこの時代のことであったし、フランスはルイ十四世が統治した時代で、この国も近代国家へと変貌《へんぼう》を遂げた。

これは冗談だが、ルイ十四世がフランスを率いたのは、一六四三年から一七一五年にわたる期間で、これはマウンダー極小期と重なる。この王は啓蒙《けいもう》君主として自らを〝太陽王〟と名乗った。地上に太陽が現われたので、天上の太陽が顔を隠してしまい、そのために地球に寒冷化が招来されたのだという。

この時代、近代国家思想については、ベンサムやロックがイギリスにあって論陣を張ったし、オランダではグロティウスが国際法について初めて考察している。遅ればせながら大航海時代に参入したイギリスでは、精密に時を刻むクロノメーターがハリソンによって発明され、海洋国家として世界制覇へ向かう基礎を築いている。

天才の時代――デカルト、ベーコン

この十七世紀は天才が数多く現われた時代で、今までに挙げたような「天才」と言ってよい人たちが科学の研究法を確立してきた。中でも忘れられないのはガリレオは当然のこととして、デカルトとベーコンの二人である。

ひと言で言うならば、デカルトは演繹《えんえき》（deduction）論理の手法を研究の現場でいかに適用するかについて明らかにし、ベーコンは帰納《きのう》（induction）論理が科学研究にいかに重要な手法であるかを論証したのである。

演繹論理も帰納論理も、科学者や研究者なら、誰でも研究の現場で意識するしないにかかわらず、常に実行している研究の進め方である。これらの手法について、この二人が初めて体系化してみせてくれたのである（27ページ図参照）。

物質には〝重さ〟を持つものと〝軽さ〟を持つものとがあり、例えば空気（または大気）は上空にまで広がっているから軽さを持つのだと当時は信じられていた。このような誤った見方を実験により打ち破り、空気にも〝重さ〟があることを示したのは、若くして亡くなったブレーズ・パスカルであった。

この人は気候が寒冷化した時代に生まれ合わせたがために、身体が弱く短い人生しか送れなかったが、天才としての業績を数学と物理学に数多く遺《のこ》している。だが多くの人に知られているのは、この人が『パンセ』として知られるメモ（後に本として出版された）を残していることだけであろう。

私たちに赤い色を見せる火星については、現在では実際にこの惑星に軟着陸し、地質構造や大気の組成と振舞いなどについて調査した何機かのロケットによる観測結果がもたらされ、かなり詳しく分かってきている。

今では、火星にはかつて水が大量にあったことも判っており、生命も存在した時期があったのではないか、と考えられている。火星の極地方には、現在も氷があることが、アメリカの火星着陸船により、直接確かめられている。

十六世紀末にこの惑星の運行について詳しく観測し、膨大な記録を残したのはティコ・ブラーエだが、その仕事を受け継ぎ、惑星の太陽をめぐる公転運動に関する基本法則を導いたのはケプラーであった。この人はプロテスタントの信者で、迫害を受けたり、その母が魔女だとして訴えられたりしながら、貧しく苦難の生涯を送った。

だが、ケプラーの法則として科学の歴史に遺したこの業績は、後にニュートンによってすべて正しく成り立つことが、後代に天体力学と呼ばれるようになった手法を用いて証明

帰納《きのう》法と演繹《えんえき》法
―2つの思考法―

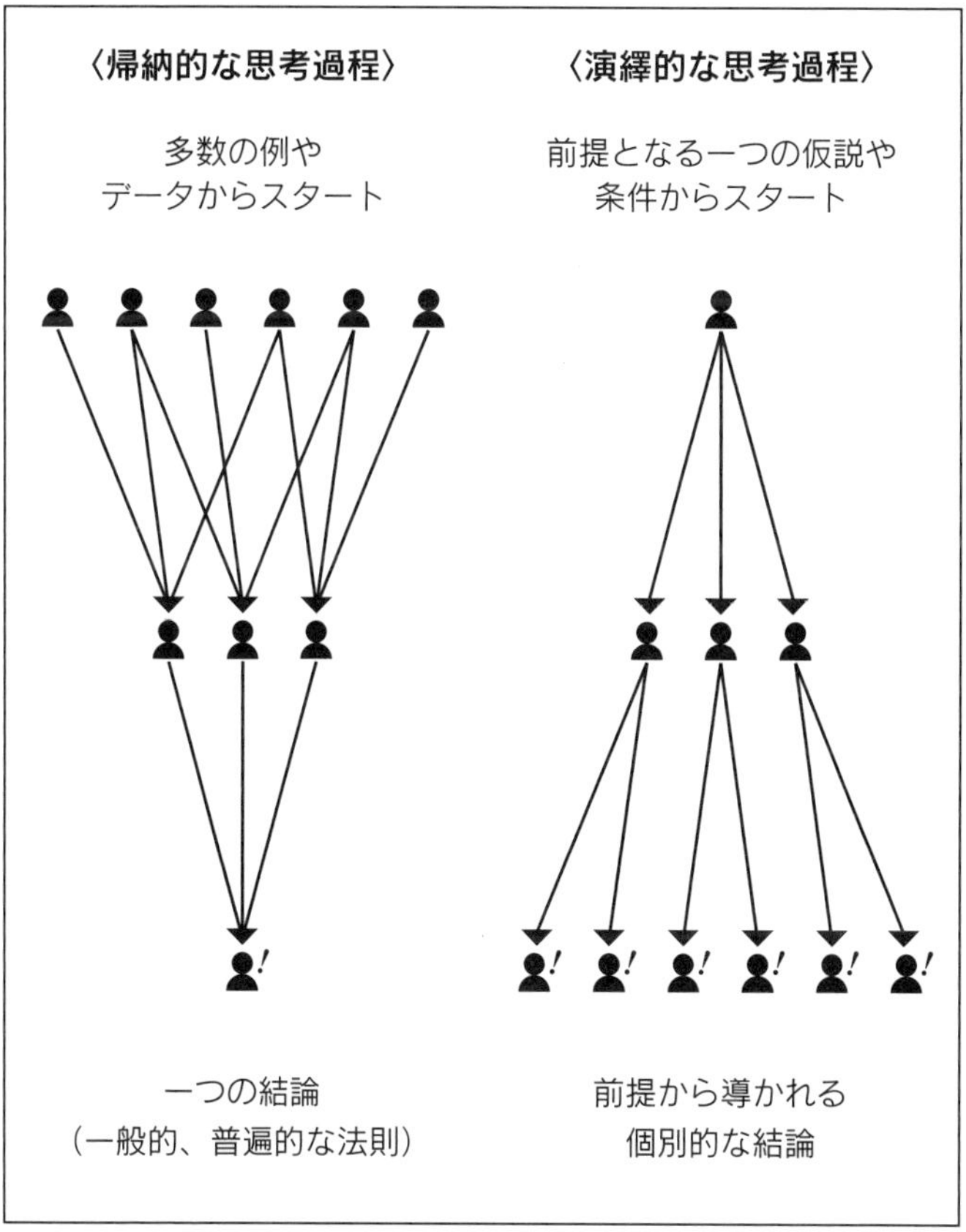

された。

ケプラー自身は貧しかったがために、占星術を生活の糧《かて》としていたが、自然現象の中に潜《ひそ》む法則性は客観的に成り立つもので、人間の恣意により変わるものでないことを正しく理解していた。

ところが他方で、ケプラーには相当に神がかり的に自然現象の成り立ちを眺める傾向があった。この傾向が、天体の運動を数学的に解釈する、ケプラーの名前を冠した三法則（37ページ参照）が導かれる動機となったのかもしれない。面白いものである。

先に触れたように、十六世紀に花開いた大航海時代は、地球という天体が球体であることを明らかにし、それに伴って、人間が住むのはヨーロッパ世界だけではないことを、当時のヨーロッパ人たちに知らしめた。

よく知られているように、一五四三年には我が国の種子島《たねがしま》にポルトガル人が漂着し、鉄砲を伝えた。それから六年後の一五四九年には、イエズス会の宣教師フランシスコ・ザビエルが鹿児島にやってきている。彼が我が国で見聞した事柄について故国へ送った書簡から、当時の我が国の文化水準が大変に高く、彼をして大いに驚かせたことが分かる。

極小の世界と極大の世界

十七世紀は、人間の物を見るときの目が極小と極大の両世界に開かれた時代でもあった。オランダのレーウェンフックは顕微鏡を発明、一六八三年にバクテリア（細菌）を発見している。

イギリスのフックも顕微鏡で微小な世界を克明に観測し、『ミクログラフィア』と題した本に自分が観察した生物や、人間の足の毛や目など詳細に描き出している。

このせむしの男は、創立間もないロンドン王立協会の書記で、ニュートンとは大変に仲が悪かった。こんな男でも女にもてたのがどうにも不思議な感じがするが、しょっちゅう女との間に揉《も》め事を引き起こしている。この点では、ニュートンと正反対のような感じがしてならない。

ニュートンは生涯、独身であった。〝マザー・コンプレックス〟があったからだとも言われている。

それはともかく、望遠鏡の発明について触れると、オランダのリッペルスハイが発明したことをガリレオが聞きつけ、望遠鏡を自作し、これを天空に向け、星々や惑星をつぶさに観測した。

その結果を含めて一六一〇年に『星界の使者』（我が国では『星界の報告』と題されて翻訳・出版されている）と題した小さな本を出版している。その原本をアイルランド、ダブリンにあるトリニティ・カレッジの図書館で、一九九一年夏、国際会議のために当地を訪れたときに初めて見た。あまりの小冊なのに驚いたという記憶がある。

このガリレオは翌々年の一六一二年には『太陽黒点に関する三つの手紙』を出版し、その中で黒点に関する詳細なスケッチを基に、黒点の本質に迫る仮説を記している。また、黒点群の太陽面上の移動の分析から太陽が一周二九日ほどで自転する天体であることを見出している。

天の川が、星々の集団からなることを明らかにしたのもガリレオだし、星々が太陽と同等の天体であることを示したのも、やはりガリレオであった。月の表面が山あり谷ありと地球に似た天体であること、金星に満ち欠けが見られること、木星に衛星が四つあることなど、重要な天文学上の発見を数多くしている。

そのうえで、ガリレオはコペルニクスが想定していたように、この宇宙は際限のある閉じた有限の広がりのものではなく、無限に開かれた存在であることを明らかにした。

この彼の考え方は、彼の先駆者とも言えるジョルダーノ・ブルーノのものと似ている。

ガリレオが観測した宇宙

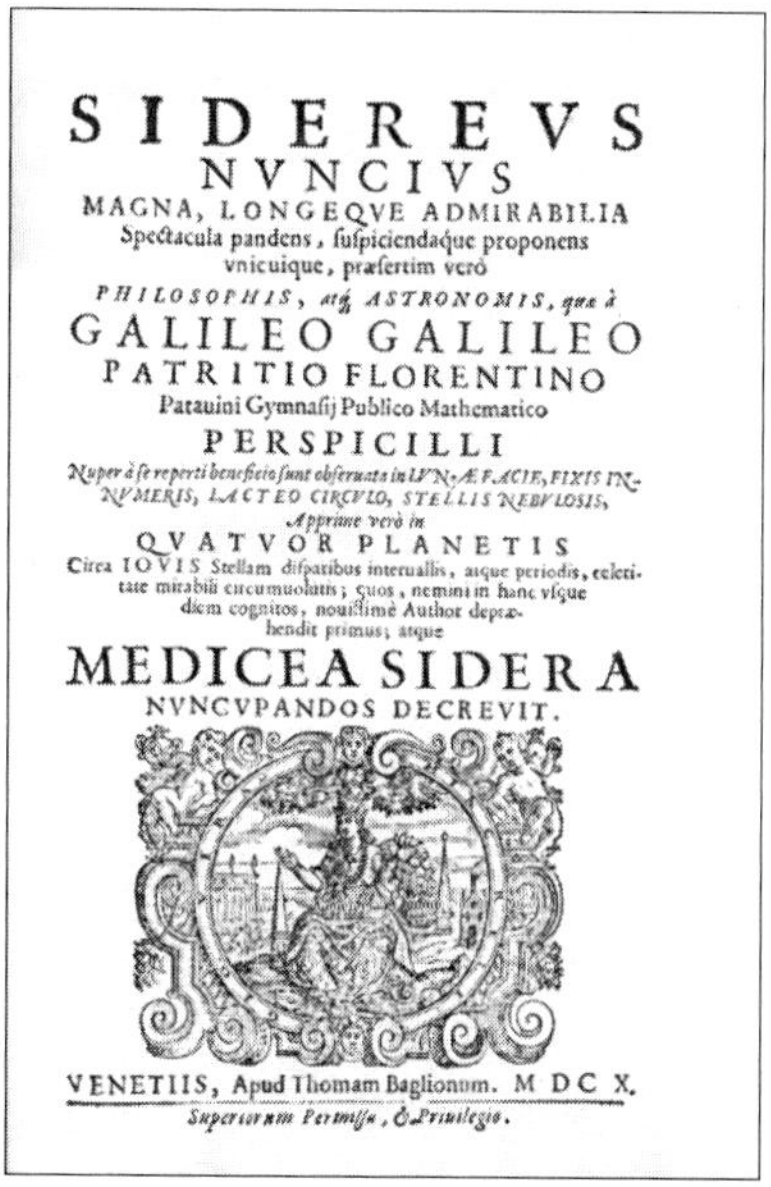

SIDEREVS
NVNCIVS
MAGNA, LONGEQVE ADMIRABILIA
Spectacula pandens, suspiciendaque proponens
vnicuique, præsertim verò
PHILOSOPHIS, atq; ASTRONOMIS, quæ à
GALILEO GALILEO
PATRITIO FLORENTINO
Patauini Gymnasij Publico Mathematico
PERSPICILLI
Nuper à se reperti beneficio sunt obseruata in LVNÆ FACIE, FIXIS IN-
NVMERIS, LACTEO CIRCVLO, STELLIS NEBVLOSIS,
Apprime verò in
QVATVOR PLANETIS
Circa IOVIS Stellam disparibus interuallis, atque periodis, celeri-
tate mirabili circumuolutis; quos, nemini in hanc vsque
diem cognitos, nouissimè Author depræ-
hendit primus; atque
MEDICEA SIDERA
NVNCVPANDOS DECREVIT.

VENETIIS, Apud Thomam Baglionum. M DC X.
Superiorum Permissu, & Priuilegio.

←『星界の使者』の表紙
ガリレオは望遠鏡を
自作し、それによる
月や星の観測結果を
まとめた。

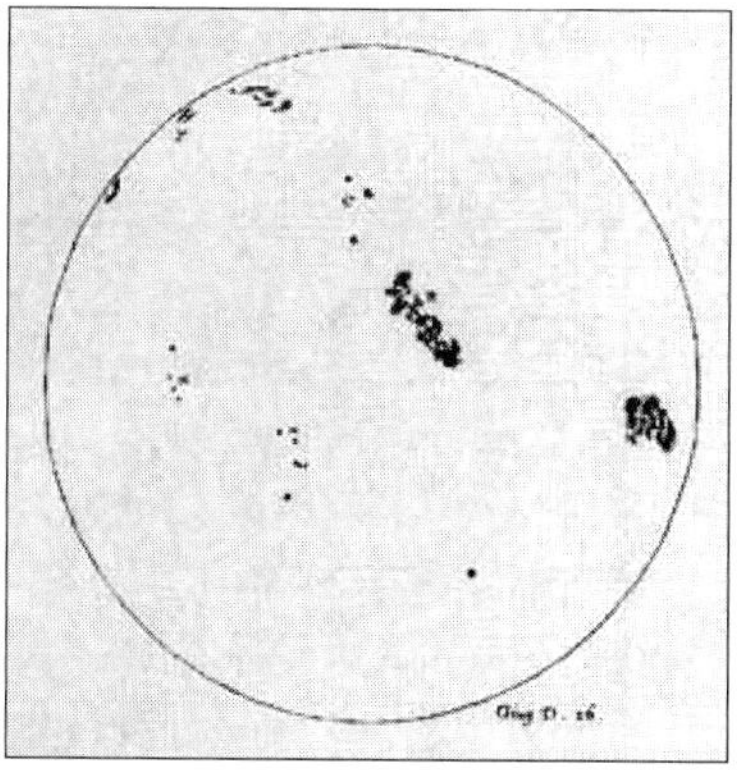

→ガリレオによる
黒点のスケッチ
毎日の黒点の変化から、
太陽が自転している
ことをつきとめた。

この人は、一五八四年に『無限、宇宙および諸世界について』と題した本を出版し、宇宙の無限性について論じている。この異端とも言うべき仮説を展開した彼は、当時各地でなされていた宗教裁判にかかり、ローマの花の広場で火刑に処されたのであった。

ガリレオも宗教裁判にかけられたことは多くの人に知られていることであろうが、当時は、中世のいわば誤った暗黒思想と近代の成立を告げる曙光《しょこう》とが、混在した時代なのであった。このような混沌《こんとん》とした動きの中で、多くの天才たちと、彼らを支えた無名の人たちとの協同作業の下に科学革命が進行し、分析的・解析的な研究手法が、その中で確立されていったのであった。

私たちはヨーロッパ中世の時代について、この時代が暗黒とも言えるひどいもので、人々は虐《しいた》げられ、自由がなく苦しめられていたように教えられてきたが、九世紀半ばから十三世紀末にかけての三五〇年ほどにわたる時代は、中世の大温暖期と呼ばれるほどの気候の面で恵まれた時代で、農業生産も進み、ヨーロッパは人口爆発といってよい時代であった。

研究者によっては、現在進行しつつある温暖化に比べても、さらに温暖化が進んだ時代だったとする研究結果が出されている。このように温暖化していた環境が、小氷河期の到来により、その後は厳しい寒冷化が進んだのであるから、当時に生きた人々の暮らしは大きく変わったことであろう。

逆説的かもしれないが、小氷河期が到来したがゆえに、近代につながる新しい思想や科学が誕生する契機となったのではないのだろうか。

ガリレオの自然解釈——自然に目的はない

科学革命の時代を代表する科学者として、すでに登場しているガリレオとニュートンをここで取り上げる。

現代科学の伝統的な研究手法である分析的・解析的方法を確立するのに、決定的な役割を果たしたのがガリレオであった。

彼以前にあっては、自然現象には何らかの目的があって起こるものと解釈されてきた。

例えば、重い物は大地に向かって落下する性質を持つ、空気のように軽い物は大地から離れる性質を持つとされた。各々の物質には、その占めるべき位置が決まっているとされていたのである。

だが、すでに述べたように、空気には〝軽さ〟はなく、重さがあることが、パスカルによって実験に基づいて示されるなど、自然現象を目的論的に解釈する行き方は放棄される運命にあった。

ガリレオは、こうした目的論的な解釈を退け、物理現象は、人間の思い込みや心情とは完全に無関係（独立）な客観的なものだと考えた。だからこそ彼は、自然現象の推移は〝数学のことば〟で書かれているのだと自信をもって言えたのであった。自然現象は、人間の恣意的な解釈を許さぬものとなったのである。

ガリレオのこうした自然現象に対する見方とそれに基づく解釈が、典型的に表われているのが、物体の自然落下という現象の取り扱いである。実際に目の前で起こる現象には、いろいろと予期しえない邪魔が入り、純粋条件の下に起こるということは、まず期待しえない。

ガリレオはどうしたかというと、こうした邪魔をすべて除外した理想的な状態を想定し、その中で取り扱う現象が、現実に起こるかどうかを確かめるために実験したのであった。

たとえば、先に述べた自然落下という現象が大気中で起こるとき、大気による抵抗や風などの乱れによって、実験を行なうたびに違ったものとなってしまう。

そこで、ガリレオは大気のない真空の場合を想定し、その下で自然落下の実験を行なった。その結果から自然落下に関する法則を導き、それに数学的な表現を与えた。

具体的には、自然落下の現象について、この落下が時間の経過とともにどのように推移するかを実験を行なって明らかにし、それを数学的に表現した。このような過程で、彼は加速度の存在を発見した。

自然落下の場合、この加速度は一定で「重力加速度」と呼ばれている。ガリレオが求めたこの重力加速度は、鉛直《えんちょく》下方に向かって生じるもので、その大きさは一秒間に九・八メートル毎秒(9.8m/s^{2}と表わす)であった。

このような数値が、なぜ重力加速度に与えられねばならないのかについては、彼には明らかにできなかったが、後にニュートンにより、この数値についての謎は解かれることになる。

この謎は重力、あるいは万有引力と呼ばれる力が、どのような性質を持ち、それが数学的にいかに表現されるかが明らかにされて初めて解けるのであって、それにはニュートンによって発見された万有引力(または重力)の法則が必要であった。この法則が発見されるまでにはガリレオの没後、約半世紀の時を必要としたのである。

ニュートンによる万有引力の発見

ガリレオが亡くなった一六四二年に、ニュートンが生まれた。何やら因縁《いんねん》がこの二人の天才の間にはあるように見えるが、これが歴史の面白いところであろう。

子供の頃のニュートンはあまり利口ではないと見られていたようだが、やがてケンブリッジに学んだ青年時代にはすでに、将来を嘱望《しょくぼう》される人となっていた。

ニュートンというと、私たちがすぐ心に思い浮かべるのは万有引力の法則だが、大学時代に彼が最も力を入れて研究していたのは、光学と呼ばれる分野の現象であった。力と運動を扱う力学と、この万有引力の法則を考慮した地球などの運動に関する研究は、彼にしてみればいわば片手間の仕事であった。

前にデフォーによるペスト流行を扱った著書について触れたが、この本に取り上げられたペストは、一六六四年以後にイギリスのブリテン島で数年にわたって大流行した。

このとき、ケンブリッジ大学のバーロー教授の下で光学について研究していたニュートンは、ペストを避けるために生まれ故郷のウールスソープへ帰って、そこで一六六四年から三年ほど日々を送った。

この避難生活の間に、彼は万有引力の法則を発見し、力学の基本法則を見出し、さらに微積分法を編み出している。この三年間は、ニュートンにとっては奇跡と言ってよいような素晴らしい業績を生み出した期間なのであった。

万有引力、言い換えれば重力の法則の発見に至る経緯について、多くの人によく知られている〝リンゴの逸話〟が後年生まれることになったのは、この期間におけるニュートンの経験に基づいているとされている。生まれ故郷の家の前庭には、リンゴの木が一本あったという。

家の前のベンチに腰を下ろして、物思いに沈んでいたニュートンは「ポトッ」という音に、はっとして我に返った。そのときに、彼は空を見上げたのだそうだが、中天に月がかかっていた。私たちの多くは、こんな月を見ても何の感興も湧かないし、月が空に見えることにも不思議を覚えない。だが、ニュートンの脳裏に浮かんだのは、リンゴは落ちたのに、なぜ月は落ちてこないのか、という疑問であったという。

月は地球の周囲を公転しているのだから、太陽を回る火星やその他の惑星の場合と同じように、ケプラーの解明した三法則にしたがっているはずである。

ケプラーの三法則とは次のようなものである。

まず、第一法則は、太陽の周囲を公転する地球やその他の惑星たちは、公転軌道が楕円をしており、太陽はこの楕円の焦点の一つに位置するというものである。

第二法則は、惑星が太陽に近づいている時は速く、太陽から遠い軌道上にある時はゆっくりと運動しており、太陽とその惑星とを結んだ直線が軌道上である一定時間に掃引《そういん》する面積はいつも一定しているという性質を述べたものである（39ページ図参照）。

第三法則は、公転軌道の長半径（楕円の中心から円周までの半径のうち長いほう）の三乗が、公転周期の二乗に比例することを述べている。

このケプラーの第三法則によれば、月が地球を一周する周期の二乗は、月の公転軌道の長半径の三乗に比例する。

当時、この周期はすでにほぼ正しい大きさが分かっていた。月と地球との距離が正確に分かれば、地球と月の間に働く力、つまり万有引力が、この距離とどんな関係にあるかが分かる。

ニュートンは当時、イギリス王立のグリニッジ天文台の王室天文官（Astronomer Royal）であったフラムスティードから観測されたデータを手に入れて、この後に万有引力の法則と呼ばれるようになった、この力と距離との関係を導いたのであった。

その際、この力が月の公転速度の二乗に比例し、地球・月間の距離に逆比例するという

ケプラーの法則

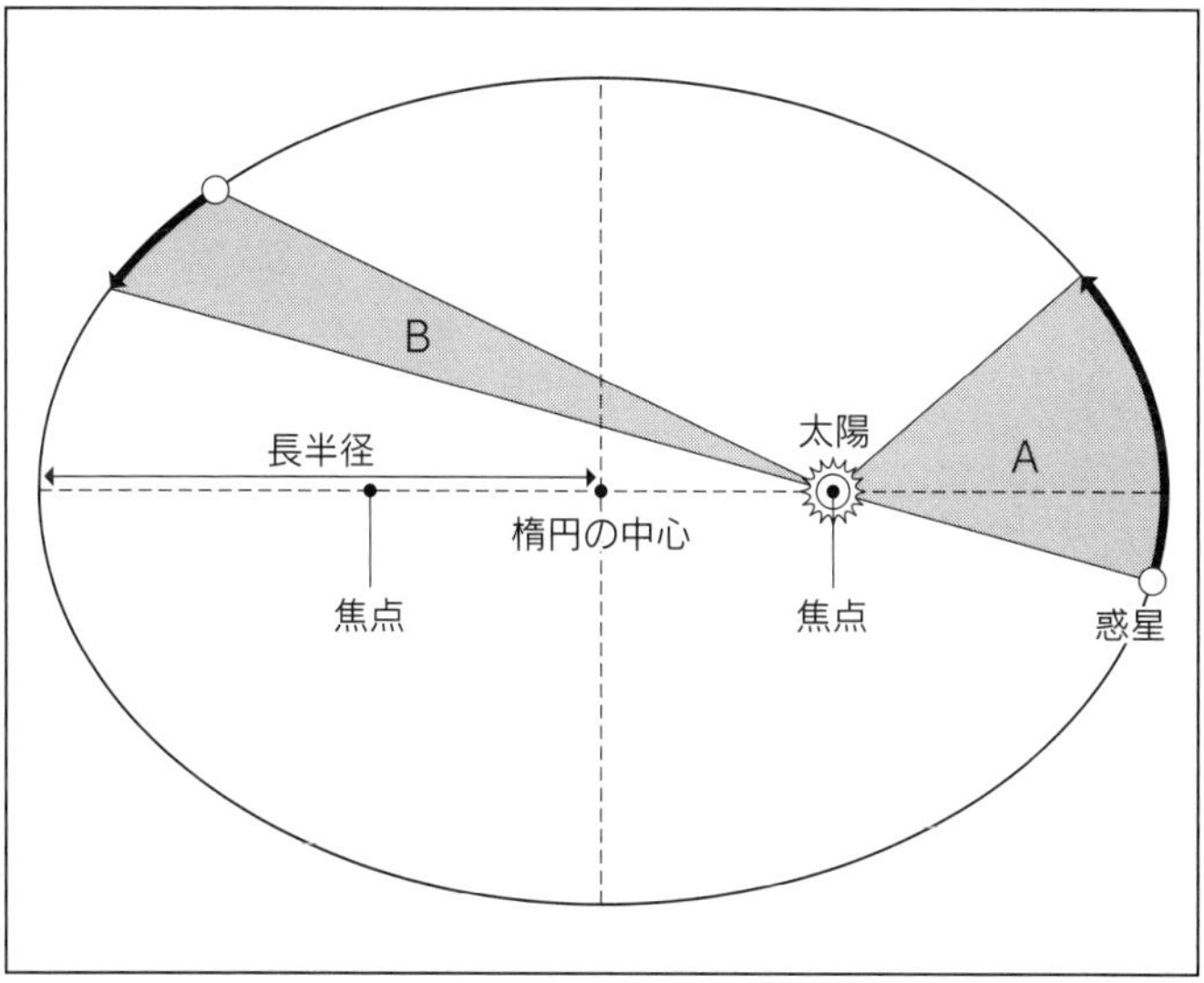

太陽は二つある楕円の焦点の一つに位置する（第一法則）。
第二法則は、太陽と惑星を結ぶ直線が一定時間に描く面積（例えば図のＡとＢ）が常に同じであることを示す。
第三法則は、公転軌道の長半径の三乗が、公転周期の二乗に比例することを示す。

関係が用いられている。この関係は同僚のフックやオランダのハイゲンス（またはホイヘンス）が導いていた。ニュートンもこの関係を用いたのだが、自分でも導いたのでフックに対する謝意を示さなかったために、二人の間は険悪になった。フックにしてみれば、万有引力の法則は彼自身の研究成果に基づいたものだという自負があったのであろう。

研究成果をめぐる「先取権《さきどり》」争い

研究成果をめぐっては、先取権（priority）争いが、科学の歴史を調べてみればたくさんあることが分かる。

万有引力の法則の発見をめぐっても、先に見たような醜い争いが起こっている。前にニュートンが微積分法を発明したというふうに述べたが、これをめぐってドイツのライプニッツと先取権争いをしている。どうやら二人は互いに独立に微積分法にたどり着いたのだが、自分の名誉に関わるので争いとなったのであろう。

この方法について、ニュートンは暗号による表現をしていたので、誤解を招いたという事情が生じたと言えそうだが、微積分法による解法を適用しなければ、惑星の公転運動について解くことができなかったのだから、ニュートンが独自に微積分法を編み出したことに間違いはないのである。

先取権争いというと、ガリレオにもデカルトにもあった。

ガリレオが太陽黒点について観測し、その結果に基づいた著書まで作っていることは、前に触れた。

動機ははっきりしないが、シャイナーというドイツ人の天文家が、黒点について自分の観測結果をガリレオに知らせ、彼の見解について尋《たず》ねている。

だが、ガリレオはそれに我慢がならなかったらしく、太陽黒点は自分によって発見されたのだと主張している。一六一二年当時、望遠鏡を太陽に向けたのはこれら二人だけではなく、イギリス人のトーマス・ハリオットもほとんど同時に黒点を発見している。

もっとも、一番精密な黒点のスケッチを残したのはガリレオで、黒点についての解釈も彼が最も優れていた。太陽光は非常に強力なため、望遠鏡で直接太陽を覗《のぞ》いたら失明してしまう。そこで、太陽像を望遠鏡を通して投影し、観察する方法を編み出したのは彼の素晴らしい業績である。

ガリレオ・ニュートンの相対性原理とその限界

ガリレオとニュートンは、物理学上で大切な慣性の法則を発見している。

この法則は、ニュートン力学に関する三法則の最初にくるもので、外部から力の作用を受けることのない物体は、最初静止の状態にあれば、その状態を維持しつづけるし、また物体が最初、ある大きさの速さを持ち、その運動の向きが決まっていたら、この速さと向きを変えることなく、この運動を維持しつづけるというものである。

また、ガリレオは一定の速さで、決まった向きに航行している船のマストから鉄球を自然落下させたとき、マストの鉛直下方に落下することを示し、この結果は船が静止しているときに、マストから鉄球を自然落下させた場合と、同じ結果になることを示した。

一定の大きさの速さで、決まった向きに進むある物体の運動のことを、慣性運動と呼んでいる。この物体は、何らかの力が働かないかぎり、速さも向きも変わることがない。このことは読者の方も直観的に分かるであろう。

例えば、宇宙空間で、二つのロケットが同じ方向に、それぞれ一定の異なる速さで飛んでいることを想像してみよう。このとき二つのロケットは互いに慣性運動をしていると言う。

片方のロケットの速さが、もう一方の速さより大きいため、二つのロケットは両者の速さの差、すなわち〝みかけ〟の速さで、離れていく。

このことが分かるのは、この両ロケットから離れた空間内の一点で、これら両ロケットの運動を見たときだけである。

前者のロケットの乗組員は、後者のロケットがこの〝みかけ〟の速さで遠ざかっていくものと、観測に基づいて判断するだろう。逆に後者のロケットの乗組員は、同じように前者のロケットが遠ざかっていくものと判断する。すなわち、これら二つの乗組員には、両者のそれぞれの速さは絶対に分からないのである。

このように、これら二つの宇宙ロケットの運動は、互いにどう見るかという点で相対的で、それぞれのロケットの速さを求めることは、絶対的に不可能である。

このような運動を相対運動と呼び、これら二つのロケットの間には「相対性原理」が成り立つと言う。どちらの宇宙ロケットから見ても、互いに遠ざかる速さは、向きは反対だが、見かけ上、同じだからである。

二十世紀になり、アインシュタインによる相対性原理の修正がなされて以後、一般的には相対性原理と言えば、アインシュタインのものを指し、従来のものはガリレオ・ニュートンの相対性原理と呼ばれるようになった。

十九世紀に入ると、ファラディー、マクスウェルほか多くの人々が、電気や磁気に関わる物理現象について研究するようになった。

特に、マクスウェルが創始した電気と磁気とを統一的に扱う数学的理論では、私たちが光と呼んでいる現象は、電気と磁気の場と呼ばれる空間内に作り出された作用が、毎秒ほぼ三〇万キロメートルという途方もない速さで伝わる波動であることに帰結する。

このことは、電気と磁気が関わった物理現象では、光の速さがたとえ先に見たように非常に速いからといって、研究に当たってはこれを考慮しないわけにはいかないことを示している。

ニュートンが発見した万有引力の法則では、この力、つまり重力の作用は、例えば太陽と地球の間を無限大の速さで、瞬間的に伝わるものと想定されていた。だが、電気や磁気の作用は瞬間的にではなく、光速度という大きさの速さで伝わる。だとすると、ガリレオ・ニュートンの相対性原理が成り立たなくなってしまうのではないかという疑問が出てくることになる。

この相対性原理が成り立つか、それとも成り立たないかを検証する実験的な観測は、地

電磁波の発見

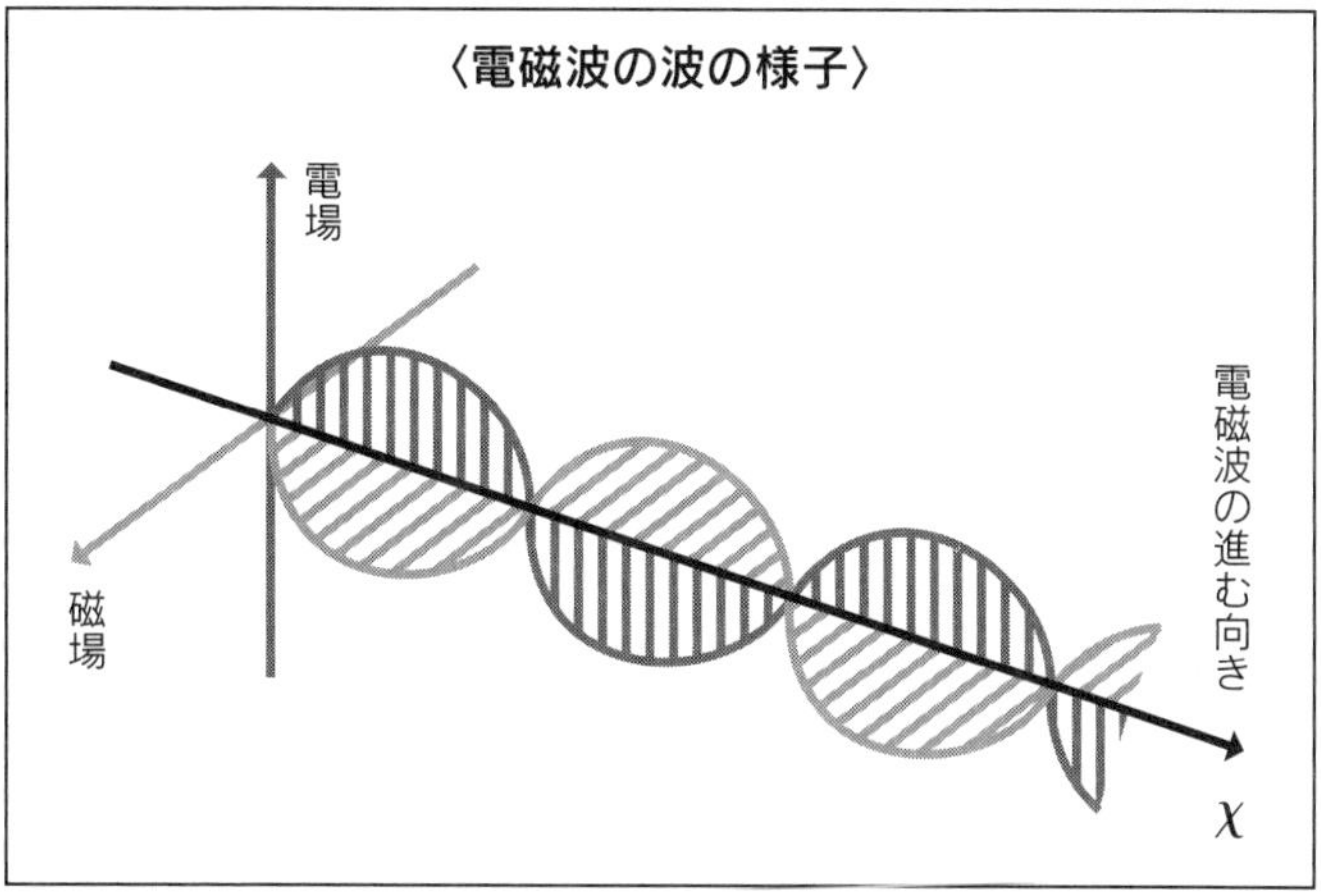

電気と磁気の２つの振動（波）がχの向きに光速で伝わる。

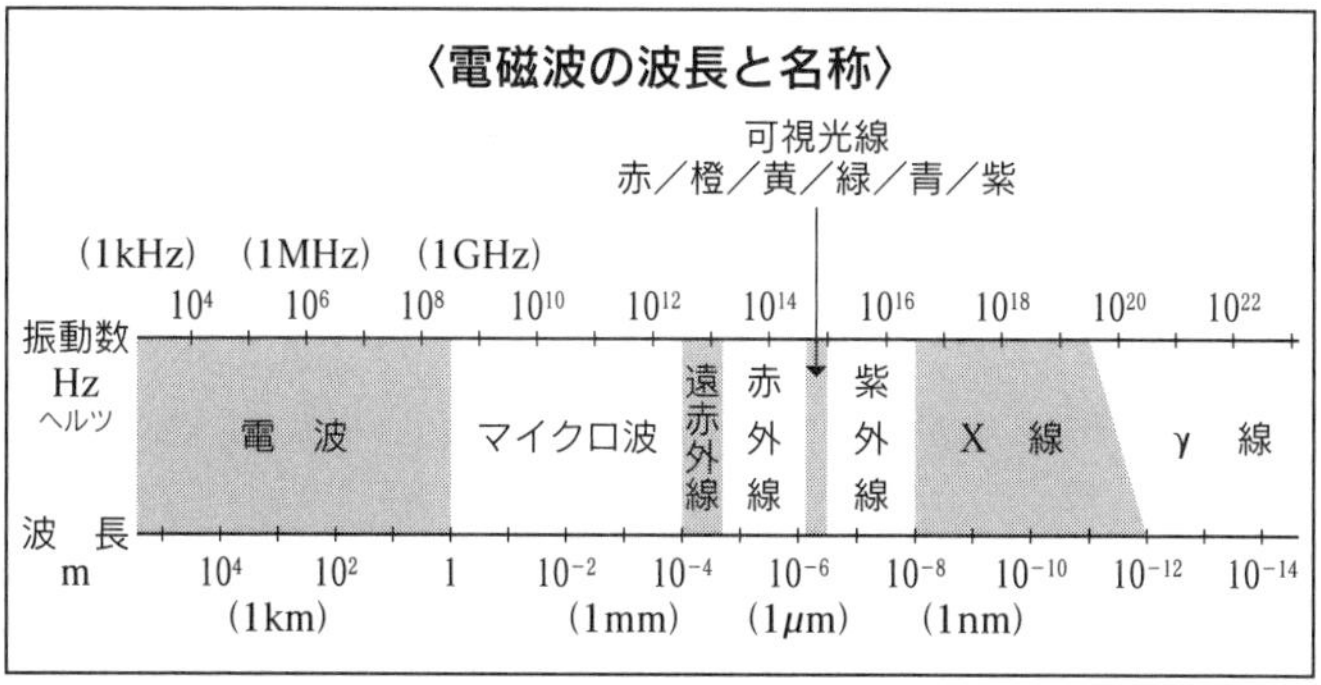

マクスウェルは電磁波（電気と磁気の場の変化によって作られた波動）の存在を予測し、光が電磁波の一種であると考えた。
現在では電磁波の波長によって、電波、可視光線、Ｘ線などと分かれることが分かっている。

球が自転する向きに光源から光を放射した場合と、自転の逆向きに光を放射した場合で、光の速さが異なるかどうかを調べることによりなされる。

このような観測は十九世紀末に、アメリカのマイケルソンとモーリィの二人によってなされ、光の速さは光源の運動には関係なく一定であることが示された。

誰でも経験から知っているように、例えば、上りエスカレーターのステップを歩いて上がれば、その歩く速さと、エスカレーターの速さとの合計の速さで移動することになる。逆に、ステップを逆向きに歩いて下れば、上昇速度はその歩いて下る速度を差し引いたものになる。

光の速さと地球の運動の速さの場合にも、光と地球の動く向きが同じ場合にはこの二つの速さの和に、反対の場合には差となるのだと予測されたのだが、この二人が得た結果は予想とは異なり、光の速さは地球の運動に関係なく一定であるというものだったのだ。

なぜ一定で不変なのかを、理論的に明らかにしたのが若き日のアインシュタインであった。光速度が、どのような運動をしているシステムから見ても一定・不変であるとして成り立つ相対性原理は、アインシュタインの名前を冠して呼ばれている。

私たちの身の回りで起こっている自然現象は、ほとんどすべてが光速度に比べてあまりに遅いので、現実にはガリレオ・ニュートンの相対性原理で充分に間に合う。

だが例えば我が国のつくば市にある高エネルギー加速器研究機構（ＫＥＫと略称）にある粒子加速器で高エネルギーにまで加速された陽子や電子を研究するには、アインシュタインの相対性原理に拠《よ》って立たなければならない。これらの粒子はほとんど光速度といってよいほどの高速度で運動しているからである。

このように、物理学の理論にも、それぞれ適用できる限界が存在するのである。

物理学と私たちが呼んでいる学問は、このような適用限界を見出し、それを包み込んで成り立つ理論を作り上げることを通じて進歩してきた。その歩みの中で、多くの天才たちが最善を尽くす努力を重ねてきたことにより、現代の物理学ができてきたのである。

こうした人類の知的遺産ともいうべき学問について少しでも分かろうと努力するのは、現代に生きる私たち一人ひとりのなすべき義務ではないかと私は考えるのだが、この本を手に取られた方々は、どのように考えられるのだろうか。この本を手にされたのだから、多分、私と同様に考えていられることであろう。

重力の秘密を暴《あば》く――アインシュタイン

自然界で観察される物理現象が、ガリレオが言ったように数学のことばで書かれていて、それらが秩序ある規則性を満たしていたとしたら、そこに神の所業を見たり、神の栄光を感じたりするのは、当然のことであったろう。

ガリレオもニュートンも敬虔《けいけん》なカトリック教徒であったし、自分たちが追究して得た研究成果が、神の栄光を讃《たた》えるものだと考えたのも、やはり当然のことだったと言ってよい。

彼らが研究に基づいて明らかにした結果は、私たちの感情や心のあり方などには関わりなく、客観的に見て、必然的に成り立つ理由を持っていたのであるから、私たちが日常に経験するような、人為の世界の出来事とは決定的に異なるものであった。

私たちは、自分たちの日常経験から、人為の世界では予測しえない偶然の出来事が、しょっちゅう起こっており、人生がままならないものであることを、半ば諦念とともに受け入れている。

ガリレオやニュートン、その他その時代に生きた天才たちでさえ、自然界で起こる物理現象が必然的な因果関係の下に成り立ち、これらの現象に秩序をもたらしていることを知ったときには、おそらく驚異と映ったことであろう。

これらの物理現象が厳密な数学的表現を与えられることは、人間世界とは隔離された別世界が存在することの発見でもあった。科学革命は、このように思想に関わる状況まで変えてしまったのであった。

ニュートンは万有引力（つまり重力）が、この大地の上でも、また、遠くにある星々や惑星たちの世界でも、普遍的に同じ法則の下に働くことを明らかにした。

だが、彼自身も気づいていたのだが、重力の本質、つまり、その作用が何に起因するのかについては、明らかにすることはできなかった。

そこで、彼が採用したのは現在の私たちが用いる言い方に従うならば、いわば〝間に合わせ（conventional）〟な行き方であった。

自分の発見した万有引力（つまり重力）の法則を適用すれば、太陽周囲の地球やほかの惑星たちの公転運動も、地球をめぐる月の公転運動も、また地表付近における自然落下ほかのいろいろな現象も、すべて解き明かすことができたのだから、この力の原因や働き方がいかに空間を超えて伝わるのかについて、あえて問わない——これが、ニュートンの取った立場であった。

ここのところが、当時フランスにあって自然哲学（当時、物理学という言い方はなかった）についても研究していたデカルトと決定的に異なった点であった。彼は力の働きが伝わる媒体は何かを求めて、力の伝達に対し、空間に「渦《うず》運動」の存在を想定し、悪戦苦闘していた。

ガリレオやデカルトが活躍した時代は、現在と違い、力の働きと運動との間には、比例的な関係が成り立つものと考えられていた。つまり、力の直接の作用により運動が引き起こされるはずであるから、例えば、太陽と地球の間に働く力も、直接の作用を及ぼす〝何か〟がこの両天体の間に存在していなければならないと考えられたのである。

デカルトは、大気の流れに生じた渦運動が、この〝何か〟であると考えた。当時は、太陽と地球の間にも大気が広がり充満しているものと考えられていたのであった。

デカルトの自然哲学は、力の働きの伝わり方に原因を求めたのに対し、ニュートンのそれは力の伝わり方は尋ねず、力の働きの数学的表現が正しくできていれば、それでよしとしたのであった。

デカルトが著した『哲学原理』と、ニュートンによる『自然哲学の数学的原理』と、これら二つのタイトルの相違を見れば、これら二人の自然現象に対するアプローチ（近づき方）の違いが分かるであろう。

このニュートンの行き方に近い接近のしかたで、重力の本質に迫ったのがアインシュタインであった。アインシュタインは、彼の人生において奇跡の年と後に言われるようになった一九〇五年に、特殊相対論、ブラウン運動の理論、それに光量子論《こうりょうし》の三つについて、それぞれ物理学の革命につながる大きな仕事をしている。

特殊相対論については、前に少し触れているので、あとの二つについて簡単に眺めてみることにしよう。

ブラウン運動とは、十九世紀の前半にイギリスの植物学者ブラウンが、顕微鏡で花粉を調べていたときに発見したので、このように呼ばれている。花粉が押しつぶされたときに滲《にじ》み出た微粒子が、これら粒子を溶かし込んでいる水中で、ときどき飛び跳ねるようにランダム（無方向性ということ）に移動するのを見て、その観察結果を論文にして発表したのであった。

アインシュタインは、このような不思議な運動の原因が、この微粒子と水分子との衝突の結果、微粒子が水分子の運動が及ぼす力の作用で、跳ね飛ばされることから起こる現象であることを解き明かし、（水）分子というミクロな粒子が存在する必然性を、理論的に導いたのであった。

また、光量子論では、光は波動としての性質を持つが、エネルギーの視点からは光はエネルギーの塊、つまり粒子としての性質も合わせ持つことを、理論的に明らかにしている。

光は空間を伝わっていく時には、波動として波打つような形をとるのだが、この光が例えば、電子と出会った時には、粒子として力の作用を及ぼしあうという具合に、状況に応じて波動として、あるいは粒子として振る舞うという不思議な性質を持っているのである。光量子とは光がエネルギーの塊であることを意味している。

光が粒子としての性質を示すことについては、世紀末の一九〇〇年十二月半ばに、ドイツのマックス・プランクにより証明された。

彼は、温度を持った物なら、どんな物でも、この温度で決まる電磁エネルギーを放射しており、この放射の強さが、光のエネルギー、言い換えれば、周波数（または波長）との関係でどのように変わっていくかについて、実験結果を詳しく調べた。

その結果、この放射の強さと光の周波数との関係を理論的に説明するに当たって、このエネルギーが粒子性を持った塊の集団であるとすれば、実験結果を正しく再現できることを示した。

この塊が「エネルギー量子」と命名されたのであった。このエネルギー量子が、後に光量子とか、光子と呼ばれるようになったのだが、アインシュタインは、このようなエネルギーの塊が光量子の本質であることを示したのであった。

ガリレオが研究した物体の自然落下の現象では、落下していく物体は、ある規則にしたがって加速されて、落下速度が速くなっていく。

この加速されていく割合は、この物体に地球の重力が作用することから生じるが、こうした加速度運動は、慣性運動ではない。すでに述べたとおり、特殊相対性理論は、慣性運動を互いにしている物体の間で成り立つのであって、加速度を伴う自然落下運動の場合には当然成り立たないことになる。

そこで、加速度運動をしているような物理現象を、どのように理論的に取り扱ったらよいのかが、アインシュタインにとって、解決されなければならない重要な研究課題となった。

だが、その解決は容易なことではなかった。一九〇五年に発表した特殊相対論で仮定された慣性運動を取り外してみると、どのように研究を進めたらよいのか、アインシュタイン当人にも見当がつかなかった。

そこに救いの手が、当時ゲッチンゲン大学教授であったアーノルト・ゾムマフェルトから差し出された。

彼は数学者のグラースマンに相談してみるようにアインシュタインに勧めたのだが、そのときに、行きづまっている研究課題に詳しくは触れないで、数学的な表現方法についてのみ相談してみるようにと言った。

問題について詳しく話したりしたら、グラースマンによって先に解かれてしまうからと、ゾムマフェルトは念押ししている。研究の現場では、こうした人間くさい出来事が起こるので、面白い。

一〇年あまりにわたる悪戦苦闘の末、グラースマンから与えられたヒントにより、アインシュタインは一九一六年に、後に一般相対論と呼ばれることになった理論を、論文にして発表することができたのであった。

この理論は別名、「重力場の理論」とも言われるように、重力という力の働きが空間の幾何学的な構造によって生まれること、言い換えれば、重力は空間の歪《ゆが》みから生み出されることを示したものである。

この歪みが、実は物質を生み出し、それが、例えば太陽のような天体を形成するのである。私たちの住む地球も、弱いながら周囲の空間を歪ませている。

空間に歪みがあると、光はこの歪みにより速さが変わり、直進しなくなってしまう。強い重力の場では、この歪みが極端に大きくなり、光の速さが遅くなってしまうことが、理論的に導かれる。

一九一六年に発表したこの論文の中でアインシュタインは、太陽の重力により太陽のごく近くを通過する光は、この天体に引きつけられるように曲がった経路をたどるはずであるから、皆既《かいき》日食時に地球から見て、太陽の向こう側にある星からの光の経路が曲がっているはずだと予言している。

この予言の正否を確かめるために、イギリスの大天文学者エディントンに率いられた皆既日食観測隊が、一九一九年五月二十九日に起こった皆既日食の観測のために、ブラジル北部のソブラルと西アフリカ、ギニア湾内にあるプリンチペ島の二カ所に送られた。その観測結果の分析からエディントンは、アインシュタインの予言の正しいことを明らかにしたのであった。

この成功により、アインシュタインは一躍有名になり、当時、第一次大戦に敗れたドイツに光明をもたらした。それだけでなく敵国だったイギリスの研究者が、アインシュタインの予言の正しいことを実証したので〝科学に国境はない〟と評判となったのである。

現代物理学への扉を開いた二つの問題

アインシュタインが、重力という名の力の働きが空間に作り出す性質（重力場という）を、いかに数学的に書き表わすかについて、手がかりが得られず困惑していたところ、先に述べたグラースマンから示唆《しさ》されたのは、重力場の数学的な表現に、十九世紀半ばにドイツの数学者リーマンが作り上げた、曲がって歪んだ空間に適用できる幾何学（後に、リーマン幾何学と呼ばれるようになった）を用いることであった。

このことは、重力の働きが空間中に作り出す性質、すなわち重力場という物理量が幾何学的に表現されることを意味していた。そのため、物理学自体が数学的な表現に還元されてしまうのだという潮流を物理学者たちの間に生み出した。

十九世紀末の物理学界の思潮は、当時の研究者を悩ませていた二つの未解決の問題もやがて解決されてしまうであろうと考えられていた。

この二つの問題こそが、先に述べてきた、光の速さが観測者の運動速度などにかかわらず一定不変であることと、光の放射の強さと波長(または周波数)の関係を理論的に証明することであった。

これら二つの問題が解決されたら物理学は完成されてしまい、残されていることと言ったら、物理学の数学化、言い換えれば物理学自体を数学で扱う公理化によって定式化するだけだと考えられたのである。

一八九八年に幾何学の公理化を試みた当時の大数学者ヒルベルトは、二年後の一九〇〇年にパリで開かれた世界数学者会議において、未解決のまま残されているとした二三個の「数学の問題」を取り上げたが、その四番目に物理学の公理化を挙げている。

今から考えてみたら、どうしてこんなできるはずのないことをと言いたくなるようなことが、大真面目に取り上げられていたのか不思議である。

当時の物理学者たちは、この「二つの問題」の解決が、私たちの言う「現代物理学」を生み出すきっかけになろうなどとは全然考えていなかった。一八九八年の講演でこの問題を〝二つの黒い雲(black clouds)〟と呼んだケルビン卿《きょう》(ウィリアム・トムソン)も、現代物理学の主柱の一つをなす量子論を創始したプランクも、物理学に革命が起こるなどとは全然予想していなかった。

ただ、プランクのためにひと言、弁護しておくならば、エネルギー量子の存在に対する仮説を発表した後、彼は息子に「お父さんは途方もない発見をしたようだ」と語っているという逸話がある。

学問の世界では、全然予想しえないような事態が生じ、その解決から大躍進が始まるということが起こるのである。

「膨張する宇宙」の発見

アインシュタインは一般相対論の建設によって、重力の働きによって作り出される空間の性質と物質の存在との因果的な関わりについて、明らかにすることができた。

よく知られているように、重力は万有引力とも言われ、物質間には必ず引力が働いている。〝万有（universal）〟とは、あらゆる物質に普遍的に存在するということであるから、ニュートンもこの事実をよくわきまえていた。

だからこそ、星々が宇宙空間にバラバラになって存在しているという観測事実を、いかに説明したらよいのかについて困惑したのであった。アインシュタインも同様な困難に直面した。

そこで、ニュートンはどうしたか？　彼は、神が手にした箒《ほうき》でひと掃き、星々を宇宙空間に撒《ま》き散らしてしまったと考えたのであった。

アインシュタインは宇宙の姿を静的、つまり星々の集団である銀河群の空間分布が時間によって変わるものではないと考え、そうなるためには重力に抗《あらが》う力、斥力《せきりょく》の存在が必要であると考え、この力の存在を仮定したのであった。

彼はそうしてこの斥力を、宇宙定数（cosmological constant）と呼んだ。一般相対論から導かれた重力場の方程式にこの斥力を導入し、静的な宇宙像を彼は作り上げたのである。一九一八年、一般相対論を建設してから二年後のことであった。

ところがアインシュタインが導いた重力場の方程式には、宇宙が静的な存在ではなく膨張していくという解もあることが、一九二三年に当時のソヴィエト・ロシアで気象学について研究していたアレクサンダー・フリードマンによって示された。

同様の解を導いた人は他にもいて、当時は多分、一般相対論に関する研究が研究者の注目を浴びていたのであろう。一方では、この理論は世界でたった三人しか理解できないという冗談もあったそうで、当然、アインシュタインはそのうちの一人、もう一人はイギリスのエディントン、さて他のもう一人は誰なのかと騒がれたという。

しかしながら、フリードマンによる宇宙は膨張するという解は、当初は全然注目されなかった。革命後のソヴィエト・ロシアが、学問の世界から孤立していたという事情も当然考えられるが、宇宙が膨張していることを示唆する観測結果も、一九二三年にはまだ報告されていなかった。

宇宙の膨張を示唆する最初の研究結果は、火星の精密観測を目的に建設されたアメリカのアリゾナ州にあるローウェル天文台で働いていたヴェスト・スライファーにより、初めて見つけられた。

遠くの銀河から到来する光の中で、例えば水素から放射される特定の波長の光を観測すると、少しだけその波長が長くなっていたのである。この事実は、光を放射する光源である銀河が、地球から遠ざかっていっていることを意味した。

この現象はドップラー効果として知られるもので、私たちは光ではないが、同じく波動現象である音の場合で、日常しばしば経験しているはずである。例えば、救急車がサイレンを鳴らしながら近づいてくるとき、この音のピッチが高く聞こえるが、目の前を通り過ぎて遠ざかっていくとき、ピッチが低くなって聞こえる。

ピッチが高いということは、音の波長が短くなっていることを示し、ピッチが低いとい

光のドップラー効果とは

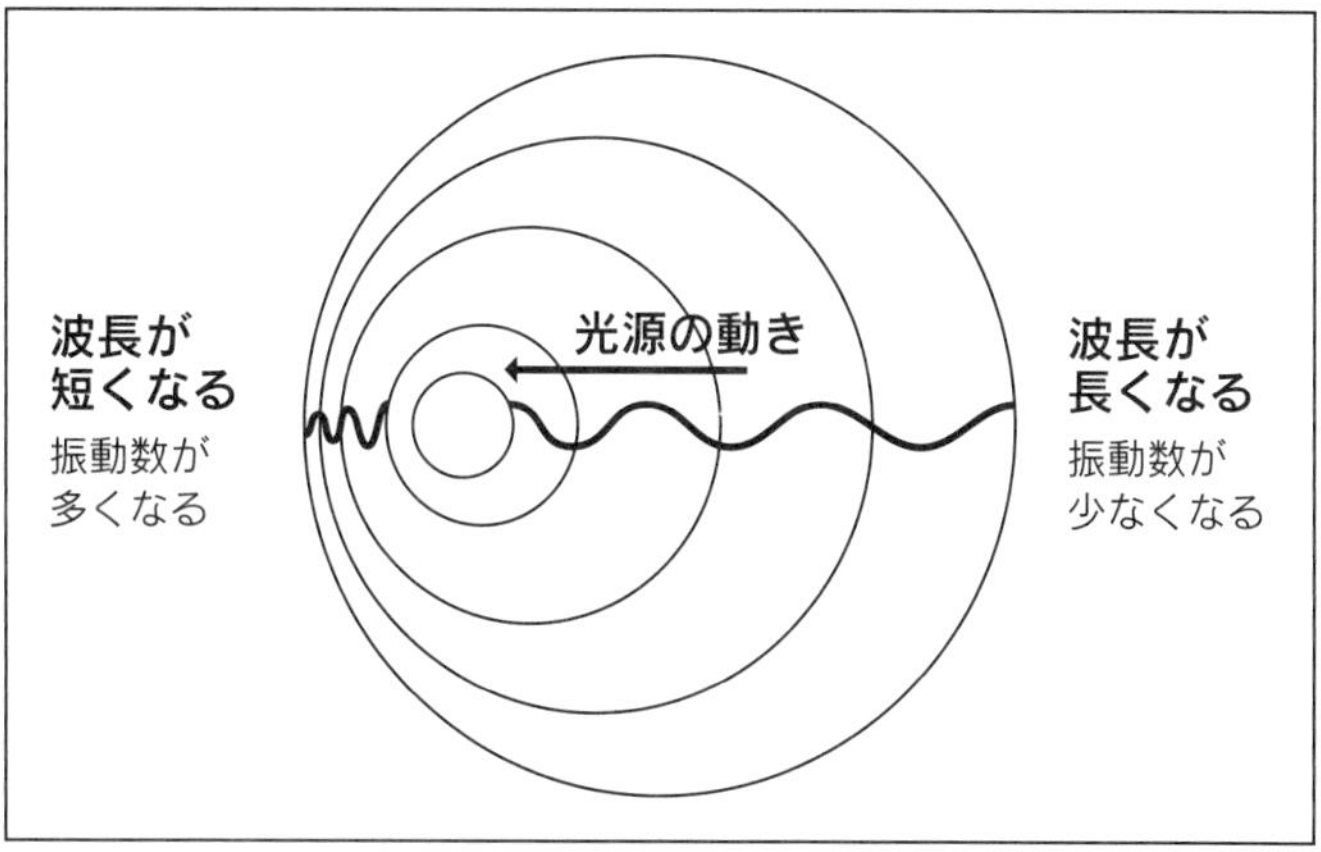

膨張宇宙のモデル

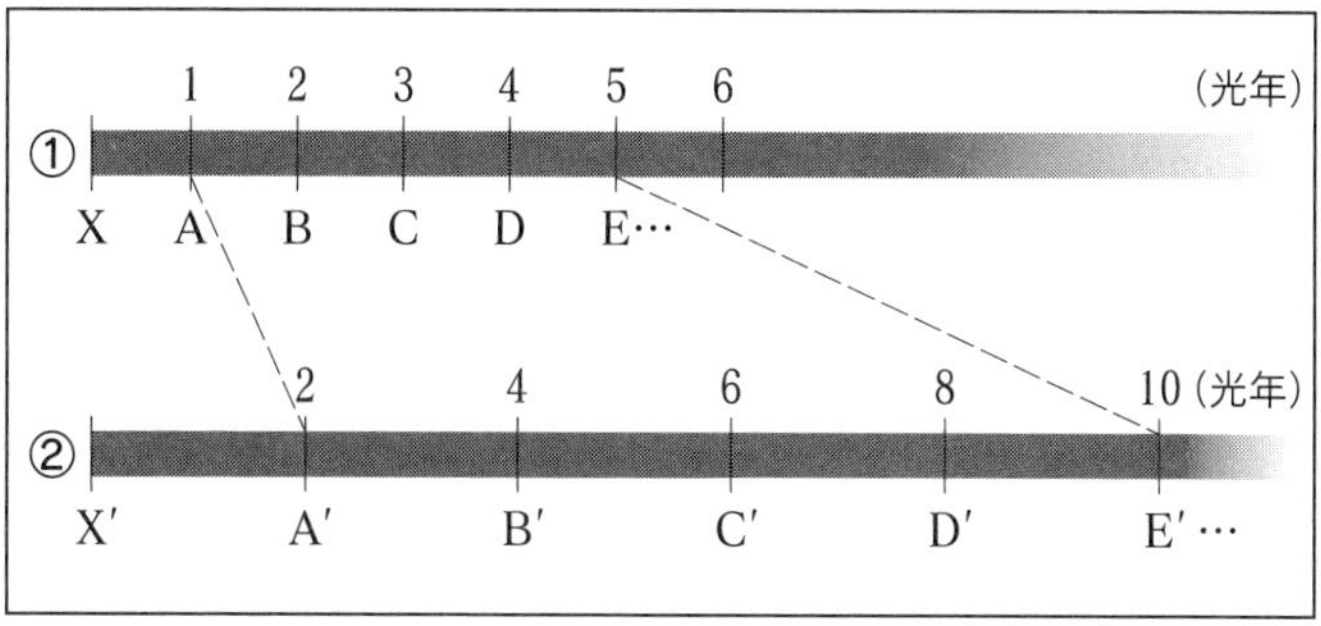

①の宇宙が２倍に膨張し、②の状態になったとき、Ａ～Ｅの間隔もそれぞれ２倍になる。だが、Ｘ地点から見た場合、Ａ′は１光年、Ｅ′は５光年、もとの位置から遠ざかることになる。そのためＡ′よりもＥ′のほうが、速く移動しているように感じられる。

うことは、今度は波長が長くなっているのである。光も波動であるから、光源が遠ざかっていっているときには、これから発した光の波長は長くなる、つまり伸びるのである。

このように、スライファーがいくつかの遠くの銀河からの光に見た波長が長くなっているという観測結果は、これらの銀河が私たちから遠ざかりつつあることを示唆していた。

この事実について、系統的に検証する観測を始めたのが、カリフォルニアの山中に建設されたウィルソン山天文台にいたハッブルであった。

助手のミルトン・ヒューメイソンの協力により、この観測を続けた彼は、一九二九年に光源となった銀河からの光に見られる波長の伸びが、この銀河までの距離に大体において比例していることを見出したのであった。

彼は観測結果をまとめて、一九三六年に『星雲の領域』と題した本を出版した。タイトルを見て奇異に感じられるかもしれないが、当時は、遠くの銀河はモヤモヤしたガスや星の塊、つまり星雲（nebula）のように見え、そのように考えられていたからである。

だが、ハッブルの観測結果は、後に銀河（galaxy）と呼ばれるようになった光源が、天の川銀河から、これら銀河までの距離に比例した速さで遠ざかっていっていることを示していた。

ハッブルが発見した膨張する宇宙

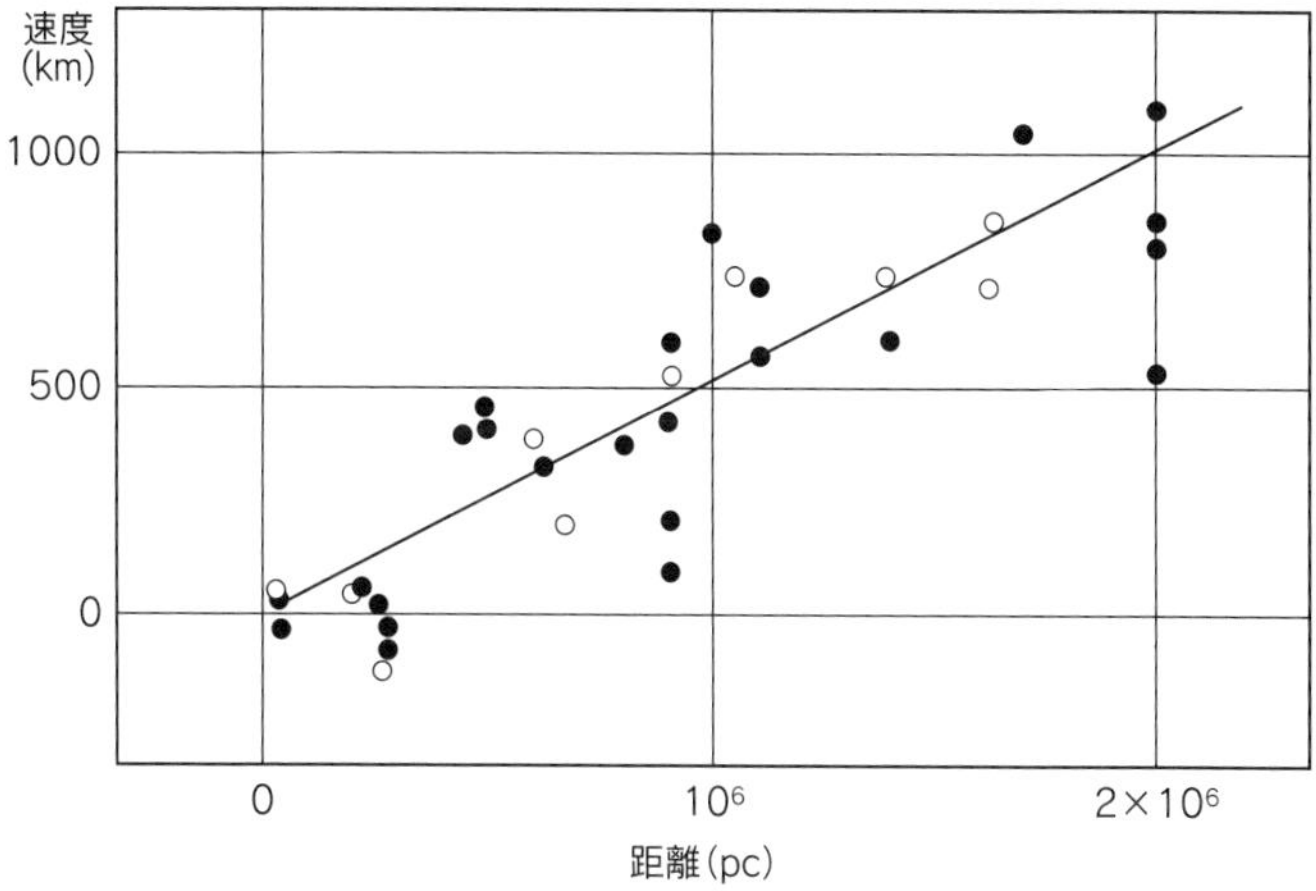

※●は確定データ、○は不確定データ。
直線は各点を平均した近似《きんじ》直線を表わす。
※pc(パーセク)とは、天文学上の距離の単位
1pc=約3.26光年、1光年＝約9.46×10^{12}キロメートル

地球から銀河までの距離と速度の関係についてのハッブルの観測結果を図示すると上のようになる。ハッブルはこのことから、遠くの銀河ほど後退速度が速くなり、その速度は距離に比例することを示した。これがハッブルの法則である。

この事実はさらに、この比例関係が銀河群を含む宇宙の空間が、一様で等方（向）的に膨張していることを意味していた。〝膨張する宇宙（expanding universe）〟の発見であった。遠ざかっていく遠くの銀河が示す見かけの速さが、これらの銀河までの距離に比例するという関係は、ハッブルの法則と現在呼ばれている。この〝膨張する宇宙〟の発見があって、フリードマンによる重力場の方程式の解から予想されていた宇宙の膨張は、それを実証する観測結果を得たのであった。

それに伴ってアインシュタインが静的な宇宙の構築に当たって仮定した斥力、つまり、宇宙定数が不要なことが明らかとなった。この斥力を導入したことについて、アインシュタインが後年、述懐したという〝我が人生、最大の不覚（worst blunder）〟が逸話として知られている。

だが、この話にもさらに続きがあって、今から一〇年あまり前に、この宇宙がハッブルの法則から予想される一様・等方的に膨張しているのではなく、加速しながら膨張している事実が判明した。

このことは、アインシュタインが宇宙定数として存在を仮定した斥力がこの宇宙に存在し、この斥力の働きにより、宇宙が加速しながら膨張を引き起こしていることを示している。

もし彼が存命であったら〝最大の不覚〟という発言を取り消し、〝どうだ、私の先見の明は……〟と言ったのではないかと冗談口を叩く人たちもいる。

宇宙は加速しながら膨張しており、数十億年後という遠い未来においては、天の川銀河が暗黒の中にただ一つ存在するだけで、他の銀河群はすべて視野から消えてしまっているという状態にあると推測されているのである。

宇宙の創造に挑戦したガモフ

宇宙が膨張を続けているということは、時間の経過に伴って空間が拡大していっていることを意味する。したがって、逆に時間を遡《さかのぼ》っていったとしたら、宇宙の広がり自体は小さくなっていくはずである。

だとすると、前節の終わりのところで触れたような事態とは逆に、銀河間の距離が縮まり、銀河群の空間密度が大きくなっていくと予想される。

そのうえ、時間をさらにさらに遡っていくと、ついには宇宙全体に広がっていた銀河群が一点に向かって集中し、そこでは無限ともいってよいような物質密度となるであろうから、それは巨大な〝ブラックホール〟と化してしまっていると予想される。だとしたら、宇宙の膨張などという現象は期待しえないことになる。

アインシュタインが建設した一般相対論によると、強い重力場の領域下では、その領域から外部の空間へ向かって光が出てこられないという状況が生じる。これが、ブラックホールである。

光が出てこられないのであるから、その領域を観測したときに、暗黒の姿を私たちに晒《さら》すことになる。このような性質を持つ空間領域を、プリンストン大学のウィーラーが〝ブラックホール（black hole）〟と名づけたのである。

このような空間領域の存在を、アインシュタインの一般相対論を適用して解き、予言したのは、カール・シュバルツシルトであった。愛国心に燃えた彼はゲッチンゲン大学教授でありながら第一次世界大戦にドイツ兵として従軍し、負傷して病院にいてこの解法について研究し、このような奇妙な天体の存在を予言したのである。

一般相対論に関するアインシュタインの論文が、専門誌に発表される前の校正刷りを手に入れて、このような大きな仕事をなし遂げたのは、驚異だと言うべきであろう。

話題を元に戻そう。時間を遡っていった宇宙における究極の状態が、超高温かつ超高密になってしまうであろうことは、ただちに推測できることだろう。物質が集中してくるのであるから重力場が持つエネルギーが解放されて、物質の温度が上がりつづけて超高温にまで到達すると予想されるのである。

なぜそうなるかというと、例えばこの地球上で、地表から離れた高いところからある質量の鉄球を自然落下させたとすると、ガリレオが見出したように地球の重力場の働きで地表に近づきながら速さを増していく。この速さを増していく割合が、前に述べた重力加速度である。

この鉄球は地面に到達したら、そのまま地面にめりこんで、それまで持っていた運動のエネルギーを失ってしまう。ただし、このエネルギーがなくなってしまったのかというと、そうではない。めりこんだところにあった土や石などに、このエネルギーを与えてこれらの土や石を少し温めるのである。

エネルギーという物理量はゼロ（無）から生み出されることなく、保存されるものであり、運動から温度へとエネルギーの質が変化しただけなのである。

鉄球を、地表からある高さまで持っていくと、その鉄球は、この高さで決まるエネルギー（位置エネルギーと言う）を持つ。そして、鉄球は、地表に向かって落下していくとき、運動エネルギーを得る。落下途中では、その高さで決まる位置のエネルギーと運動のエネルギーの和が、落下させる前の最初の高さにあったときの鉄球の持つ位置エネルギーに等しい。

重力のエネルギーは、位置エネルギーと同じ性質を持つ。時間を遡って考えると、宇宙が収縮していくにしたがって、銀河群の持つ位置エネルギーは、運動エネルギーへと変換されていく。宇宙は収縮しながら物質密度が上がっていき、運動が激しくなった物質同士の間に激しい衝突が起こる。この押し合いへし合いを通じて温度が上昇する。

その結果、膨張を開始する直前の宇宙に閉じ込められていた物質は超高温・超高密の状態にあったと推測できるのである。

超高密であったのに膨張することができたのは、超高圧であるこのガス状の物質の塊の周囲に、この圧力を押さえこむ障壁が何もなかったことから必然的に広がったのだと考えられている。

このような想定の下に、宇宙は超高密・超高温の〝火の玉（fire ball）〟が、最初に爆発的に膨張を開始し、現在観測されているような膨張する宇宙を作り出したのだとするアイデアがいわゆる〝ビッグバン宇宙（Big Bang universe）〟と呼ばれるものなのである。

このビッグバン宇宙論は、ロシア生まれでアメリカに亡命したジョージ・ガモフによって、一九四六年に提唱された。このビッグバン宇宙という名前は、実はこの人の命名ではなく、イギリスのケンブリッジ大学教授であったフレッド・ホイルがつけたのである。

当時、ホイルはビッグバン宇宙論などナンセンスな空想的な理論であると考えており、揶揄《やゆ》するためにひねってみた造語であった。

なぜこんなことをしたのかというと、彼は、宇宙は膨張しているが、物質の密度は一定不変であるとする〝定常宇宙論（Steady state universe）〟を、二人の同僚、ボンディとゴールドとともに提唱しており、一九五〇年代はこちらの宇宙像のほうがずっと現実味を帯びたものと、研究者たちによって受け取られていたのである。

ビッグバン宇宙論の証明

ビッグバン宇宙論と定常宇宙論の二つの理論の、どちらが正しいのかは、これらの理論が提唱されて後、一九六四年に至るまで分からなかった。この年の秋に、偶然の機会からビッグバン宇宙論の正しいことが明らかとなった。

当時は、宇宙通信事業幕開けの時代で、大気圏外を飛翔する通信衛星からの電波に対する雑音障害がどの程度かを電波観測から見積もり、この障害をいかに避けるか、という方法について研究していた人たちがいた。アメリカのベル電話会社で働く二人の技師、ペンジーアスとウィルソンであった。

彼らが大気圏外から届く電波雑音を精密に測定していたのは、宇宙通信事業を円滑に進めるため、通信に用いる電力がどれほどの強さであれば、一日を通じて安定的に運用できるのかを推定するためであった。

ところが、使用したアンテナや受信機から生じる雑音を取り除いたあとでも、アンテナに入ってくる奇妙な雑音があることに二人は気がついた。

この雑音のアンテナ利得、つまり入力をアンテナ温度という電気通信上の量で表わすと、三Kほどときわめて低いものであることが分かった。この温度は摂氏で表わしたら、マイナス二七〇度と超低温であったが、この雑音は天空のあらゆる方向から一様に、等方的に届いていた。

この奇妙な雑音の存在について、その理由を尋ねるために、彼ら二人は会社の近くにあるプリンストン大学の研究者たちのところへ出かけた。

そして、宇宙電波観測について独自の方法を編み出していたロバート・ディッキーや、少壮の優秀な宇宙論学者ジム・ピーブルスらに、自分たちの観測結果について相談したところ、それが「宇宙の残照」すなわち、ビッグバンが起きた初期宇宙の温度の名残《なご》りであると解釈されたのである。

彼ら二人は、この自分たちの観測結果を短い論文にまとめて、翌年アメリカの有名な『天体物理学雑誌（Astrophysical Journal）』に発表し、ピーブルスたちによる理論的解釈も、同じ雑誌に並べて発表された。

ペンジーアスとウィルソンが得た観測結果は、ビッグバン宇宙論の正しいことを支持するものであった。

ところで、この「宇宙の残照」の存在を予測していた人物がいた。ビッグバンという大爆発で膨張が始まったとするアイデアを提唱したガモフである。ガモフは、宇宙全体に広がっている電磁放射の残照が約七Kであると推定していたのだが、そのことを、ピーブルスたちはきれいに忘れていた。

ガモフの推定値は実測の二倍あまりと大きかったが、宇宙の年齢さえ確定していない時代のものとしては、素晴らしい結果であるといってよいであろう。ピーブルスたちに宛てたガモフの葉書が残っていて、このあたりの事情が、彼によりユーモラスに書き記されている。

宇宙の残照が見つかり、その等価的な温度が約三Kであったことから、定常宇宙論を唱えたホイルたちは、これがビッグバン宇宙を支持する結果であることを認め、敗北宣言を行なった。

宇宙論の研究史を眺めると、こんな面白いエピソードにも出くわすのである。

宇宙創造の秘密を解く——WMAPがとらえた宇宙の姿

ビッグバン理論によれば、宇宙は、超高密・超高温の状態にあった物質の塊、いわゆる〝火の玉〟が大爆発を最初に引き起こして膨張を開始したことで生まれた。

その膨張に伴ってこの火の玉の温度が下がっていき、物質の塊が細かく分裂、その破片から銀河が誕生し、その中で星々が生まれていった結果、観測に基づいて現在知られているような宇宙が形成された。

〝ビッグバン（Big Bang）〟とは〝バーン〟という大音響を意味するが、宇宙が誕生する瞬間は、物質の密度と温度から見て、こんな音を発するはずがない。前に触れたように、この言い方はホイルがからかいの意味を込めて用いたことから、多くの人々に使われるようになったのだが、この命名がよかったので使いつづけられてきたのであろう。

宇宙が超高密・超高温の〝火の玉〟から誕生したとするアイデアは面白いのだが、先にもちょっと触れたように、この〝火の玉〟は巨大なブラックホールであることを意味するから、大爆発して急激に膨張していくことができるためには、この最初の爆発に要するエネルギーが、強力な重力場のエネルギーに打ち勝つだけの量を持たねばならない。

この問題を解くには、二つの行き方がある。

一つはこの爆発に必要なエネルギーが最初にあったとする仮説である。もう一つは、この爆発に必要なエネルギーのみがもともと存在しており、物質はこの膨張に伴ってエネルギーから創造されてくるとする仮説である。

エネルギーと物質の間には、互いに変換されるときにある一定の関係があるという、有名な等価原理がある。このことは一九〇五年にアインシュタインが発表した二ページほどの短い論文に書かれていることで、こんな重大な原理が、こんなに短い論文の中に示されていることは驚きである。

この原理は、物質からエネルギーを取り出す可能性を示したものである。原子力発電や原子爆弾といった技術は、この物質からエネルギーを取り出す機構を利用したものである。

アインシュタインが建設した一般相対論によると、物質が作り出す空間の歪みが重力場を生み出す。等価原理によると、空間の歪みには重力によるエネルギーが蓄えられていることになる。このことは、そこに物質が蓄積していることを意味する。宇宙の創造時には、空間の歪みが極端に強いので、無限大と考えてよいだけのエネルギーが、ほぼ一点に集中していると考えてよいというわけである。

宇宙の膨張にしたがって、空間の歪みは緩《ゆる》くなっていくから、この蓄積されていたエネルギーから物質が生成されていく。つまり、宇宙の誕生した瞬間には、宇宙はエネルギーが極小といえる狭い空間に一杯に詰まった状態にあったと考えてよい。

その後、宇宙が膨張していくのにしたがい、物質が創生されていき、この物質から銀河や星々が形成されてきたのだと考えても、少しの矛盾もない。

無限小と言ってよい空間に閉じ込められていたエネルギーが、宇宙の膨張に伴って物質に変換されていくわけだが、この膨張は、当然急激に起こるものと推測される。この過程を押しとどめるものは、宇宙の最初においては存在しないからである。

この急激な膨張の過程を現在、宇宙論の研究者は〝インフレーション（inflation）〟と呼んでいる。このインフレーションで、宇宙は瞬間的に何億倍、何十億倍も広がって大きくなり、その過程で創生された物質たちが互いに及ぼし合う重力の作用に抗《あらが》って、膨張していくことになる。この膨張がビッグバンと呼ばれるものである。

宇宙が膨張していくに当たって、そのためのエネルギーが宇宙の外から供給されるわけではないので、宇宙空間に広がる光、つまり、いろいろな波長からなる電磁波のエネルギーは、どんどん希薄になっていく。このような過程を、熱エネルギーに関する理論では、断熱膨張と呼んでいる。

前に述べたペンジーアスとウィルソンが電波観測によって発見した宇宙空間全体にわたって広がる電磁波のエネルギーは、膨張宇宙の成れの果て、言い換えれば宇宙の残照だということになる。

また、このエネルギーの放射の存在は、宇宙はインフレーションからビッグバンの過程を経て、進化してきたことの証拠だということになる。この放射は現在〝宇宙の背景放射(cosmic background radiation)〟と呼ばれている。

宇宙空間に広がる銀河群の分布を眺めてみると、どこもかしこも同じように一様ではないし、眺める方向によっても分布が偏《かたよ》っているように見える。一九八一年には、これら銀河の空間分布には網目状の構造のあることと、この構造がまるで壁のような形状を作っていることが発見された（77ページ図参照）。

このような一様で等方的な空間分布を銀河群が示さないという、いわば否定的な結果は、宇宙創造直後のインフレーションに伴う宇宙の膨張が一様で等方的に起こらず、偏っていたことを強く示唆していた。

宇宙のごく初期における膨張がこうした偏ったものであったとしたら、先に述べた宇宙の背景放射にもこうした偏りが存在していなければならない。

宇宙の背景放射に、このような偏りが実際に存在するかどうかについて検証するには、全天にわたってこの放射の観測を行ない、その強度について空間分布を探さなければならない。そのためには、地球の大気圏外に背景放射の観測のための科学衛星を打ち上げ、いわゆる掃天《そうてん》観測を実施しなければならない。

このような目的のために、アメリカのＮＡＳＡを中心とした科学者たちは一九八九年には、ＣＯＢＥ《コービー》と略称されるようになった科学衛星を、次いで一〇年あまり後の二〇〇一年にＷＭＡＰ《ダブリュマップ》と名づけられた科学衛星を打ち上げ、掃天観測を実施し、宇宙の背景放射がどんなふうに地球に向かって到来しているか、その強度の方向分布を観測結果から詳しく調

宇宙空間における銀河の分布

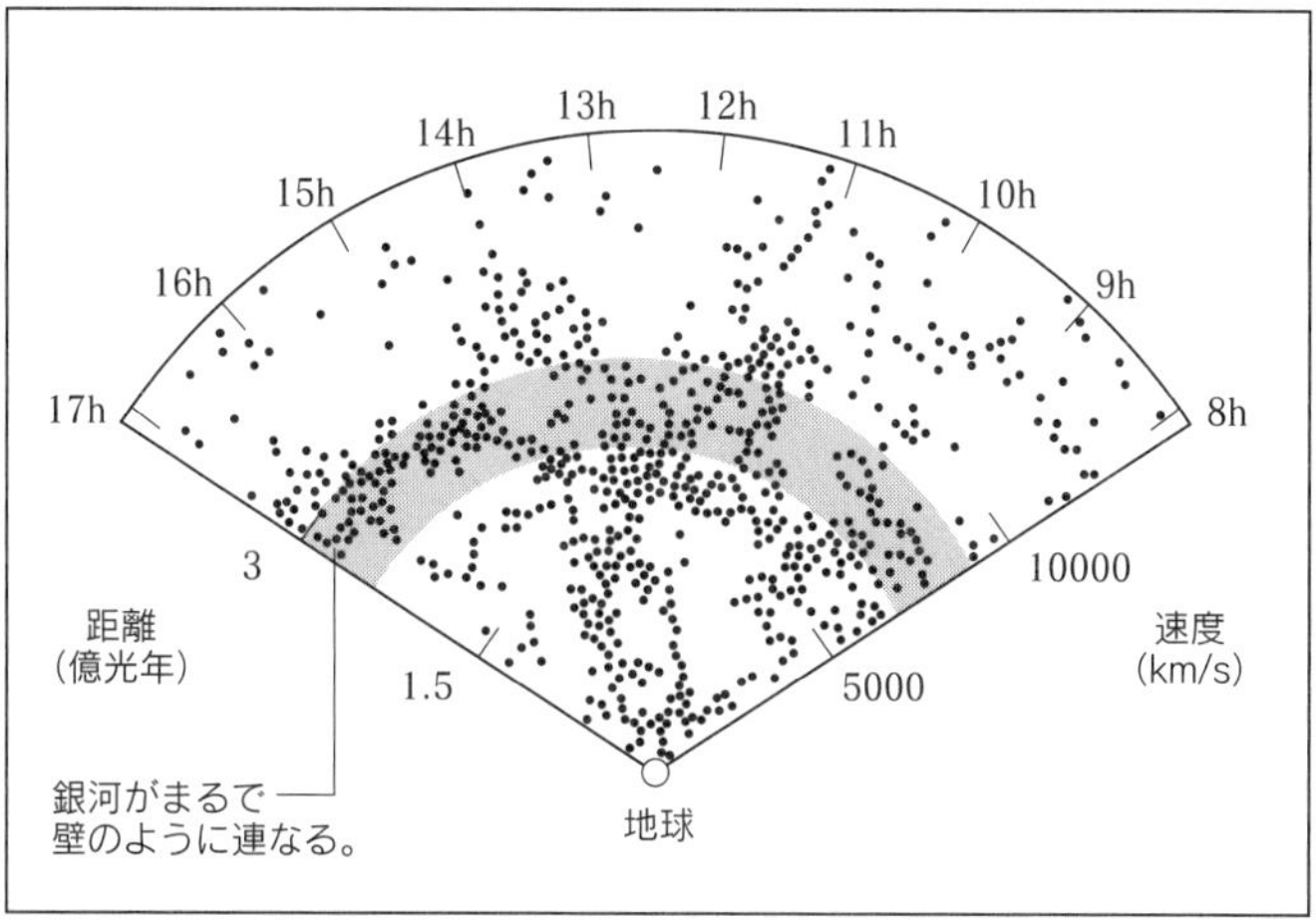

図は、地球から宇宙空間を眺めたときの銀河の分布を示す。
図の黒点１つが、銀河１つを表わす。
銀河は、宇宙空間に等間隔に並んでいるのではなく、網の目のように空白（銀河のまったくない）部分が存在する。
上図のような観測結果は、宇宙創造直後のインフレーションに伴う宇宙の膨張が一様で等方的に起こらず、偏っていたことを示している。

べ上げた。

その結果、インフレーションは、あらゆる方向に一様に起こったのではないことが明らかになり、インフレーションの結果としての物質の空間分布に、あまり大きくはないが異方性、すなわち背景放射の強さに強弱のあることが見つけられた。

したがって、宇宙創造後のきわめて初期の段階で、物質分布が一様・等方性からすでに外れており、その結果、現在銀河群の空間分布に見られるような状態が招来されるようになったことが、実証されたのであった。

またWMAPと命名された科学衛星は、宇宙創造の最初期において存在が理論的に予想された放射の詳細を観測によって捕え、この宇宙の年齢を、ほぼ正確に決定することを可能とした。

この観測結果によると、宇宙の年齢は一三七億年で、誤差は二億年と見積もられている。

宇宙の膨張をもたらす「ダーク・マター」とは

このような重要な観測結果とは別に、この宇宙が加速されながら膨張を続けているとい

解明されつつある宇宙創造の瞬間

〈科学衛星ＷＭＡＰが観測した宇宙の姿〉

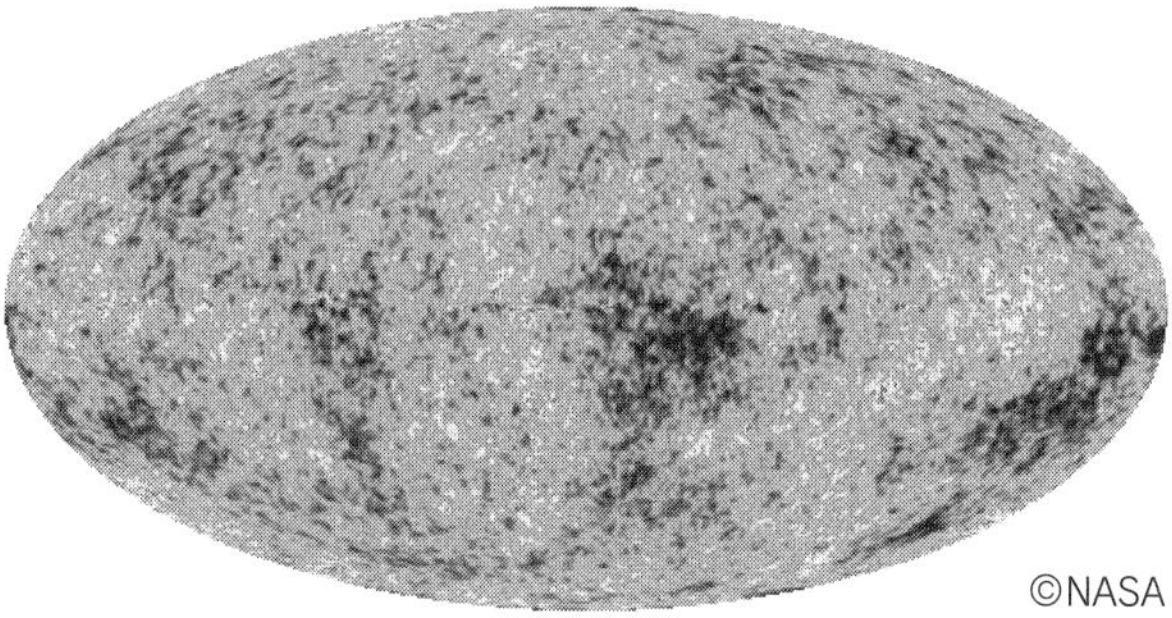

©NASA

ＷＭＡＰは宇宙の背景放射をとらえることで宇宙の姿を明らかにしてきた。白い部分が高温、黒い部分が低温を表わす。

〈宇宙の始まりと膨張の歴史〉

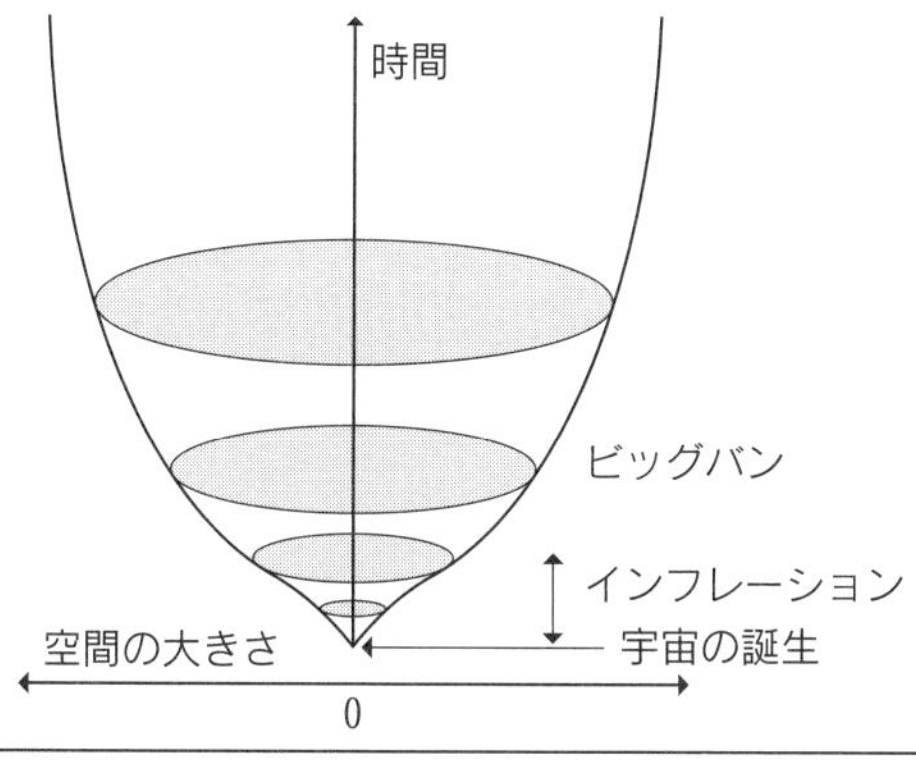

宇宙はインフレーションの過程で急激に膨張し、ビッグバンを経て進化してきたと考えられている。

う事実が一〇年ほど前に発見され、現在、この加速しながら膨張しているという宇宙像が正しいものとして研究者たちによって支持されている。

しかし、なぜ、加速していっているのかについては、観測によるその理由の検証はまだできていない。多くの研究者たちによって想定されているのは、この加速に働く検出しえないエネルギー、すなわちダーク（暗黒）エネルギーの存在である。

また、この宇宙には私たちの世界を構成する物質と異なる成分が一〇倍近くも存在することが、この宇宙の膨張を理論的に説明するものとして必要であることが示されている。

この物質は暗黒物質（ダーク・マター）と呼ばれており、先のダーク・エネルギーとともに、現在多くの研究者の目が、理論と観測の両研究に向けられている。この謎がどんなふうに解けるか楽しみである。

このような未解決の問題が、今後どのように解かれるのか見通しは立っていないが、人類は自分たちの生存圏を包み込む宇宙の創造以後の歴史を、ほぼ完全に解き明かしてしまった。

そして、現在というこのときが、宇宙の進化を刻む最前線であることを明らかにした。時間の経過とともに、加速しながら拡大していくこの宇宙空間の中で生を営む存在が、私たち人類を含めた地球に棲息《せいそく》する諸生命であることを示したのである。

地球上の生命の進化をたどれば、数千万種と言われる多種多様な生命はすべて、同じ時間を経過しつつ進化し、今日見られるような生態系を作り出した。

その中で、人類が特別に選ばれた生命なのではなく、地球上のあらゆる生命が、それぞれ進化の歴史を刻んできたのであるから、生命体としては同等の存在なのである。

このような事実の発見をもたらした原因は、人類が二十世紀という時代に、私たちが現代物理学と呼ぶようになった学問を作り出し、宇宙の創造と進化の歴史を、解き明かすための研究手段としたことにある。

この学問により、人類は私たちの周囲に広がる自然界の成り立ちについて物質の究極の姿、つまり極微の世界から極大の世界、すなわち宇宙そのものの成り立ちまで研究することができるようになった。

このような時代は、二十世紀より前の時代にはなかったし、このような時代が到来することなど予想もできなかった。ヒト科ヒト（Homo Sapiens）と分類される人類は、現代物理学と呼ばれる学問体系を築き上げたことで、神にも似た全能の存在に近づきつつあるようにすら見える。

これは、人類に与えられるべき運命なのであろうか。もし、そのように考えることが許されるとしたら、何が可能としたのだろうか。そのためには、ヒト科ヒトの真の姿について、私たちは知らなければならないのである。

第2章

宇宙の創造と進化を解き明かす秘密の扉

——自然のすべてを説明する「統一理論」への夢

因果関係を超えた「カオス」の世界

現代科学における研究の方法が確立され、それが伝統として受け継がれていく流れを生み出したのは、十七世紀における科学革命の時代であった。

ガリレオ、デカルト、ニュートンほかの天才たちが、現代科学の研究における分析的・解析的な方法を作り上げ、このような行き方は二十世紀半ば過ぎまで、科学者や科学に関わる諸問題の研究者に、何の疑問も抱かれることなく受け継がれてきた。

このような研究の方法が正統的（orthodox）なものとされるには、自然現象の推移に因果関係が必然的に成り立つという信念が揺るぎなく確立していなくてはならない。この信念が、自然現象の中に法則性を明らかにさせる動機を科学者たちに与えることになった。

科学研究の典型的な方法には、帰納と演繹の二つがあり、研究の現場では、この二つの方法が研究の進展する中で必要に応じて使い分けられてきた。

自然現象の推移に法則性の存在を見るということは、その中に因果関係を認めることである。こうした、いわゆる決定論的立場が研究者たちによって支持されてきたことで、科学研究における伝統的な手法が確立されたのであった。

しかし二十世紀になると、量子力学という理論体系が確立され、こうした因果律的、あるいは決定論的な行き方が必ずしも成り立たないことが明らかにされた。

すでに見たように、光は、波動だけでなく粒子の性質を示す場合があるし、電子などの物質粒子は波動の性質を示す場合がある。

例えば、光はエネルギー量子という、小さなエネルギーの塊となって空間を光速で走るが、この塊のサイズは、実は、この光の波長程度の広がりなのである。

目に見える光の波長は、四〇〇〜八〇〇ナノメートル（一ナノメートルは一〇億分の一メートル）ときわめて小さいので、私たちには、光の波長程度以下の大きさのものは当然見ることができない。

このような不確かさが、物を光によって見る場合には、必ずついてまわる。このように、ミクロな世界では、不確かさが原理的に伴う。

これが不確定性原理と呼ばれるものだが、これはあくまでも素粒子や原子・分子などミクロな世界においてだけ適用されるものであり、私たちが日常経験するマクロな世界の出来事とは、別次元の事柄であった。

ところが、一九六〇年代初めに、物理現象の法則性に基づいた理論、つまり決定論的な理論の中に、それからはみ出てしまう現象の存在が明らかにされた。

〝カオス（chaos）〟と呼ばれる現象が、自然現象の多くの局面に見られることが分かってきたのである。

物理現象、例えば風を生じる大気の流れは、時間の推移の中で起こる。物理現象だけでなく、人為的な現象である人の成長、あるいは短い時間では表情の変化なども、すべて時間が介在している。

カオスと呼ばれる現象も、時間の推移の中で起こる現象なのである。どんなものでも、物理現象はすべて時間の経過とともに発展していくが、この発展の結末が一定せず、多様な結果を生じる現象の存在が明らかになり、このような発展が実はカオスと呼ばれるようになったのである。

物理現象の一つである、水面に形成される波動は、水面が風に曝《さら》された時などに生じる。この風の勢いが強い時には、波動の振れ幅が大きくなる。その時、波動の波頭と波の底では、この波動の伝わる速さが違うので、波頭が成長し、崩れるという現象が起こる。この崩れ方にはいろいろなパターンがあり、どうなるか予言することは難しい。

このような、一定しない波の崩れ方などは、非線形現象と呼ばれ、理論的に予測することが難しい。こうした予測の難しい物理現象は、自然界にたくさんある。

先に触れた大気の流れの予測もカオス的なので難しく、これが気象の長期予報がほとんど不可能である原因なのである。

理論は決定論的な法則で表現できるのに、解かれた結果が決定論的な法則性に従わない現象が、自然界に実はありふれたものだということが分かったのであった。このような現象は〝非線型（non-linear）〟的なもので、伝統的な分析的・解析的な方法で扱われてきた。線型（linear）的なものと、質的にまったく異なるものであった。

線型とは、比例的な関係がある現象を引き起こす原因と結果の間に成り立つことをいう。伝統的な研究方法では、このような関係が成り立つ現象だけが、取り扱われてきた。

しかし、自然現象は実際は単純ではなく複雑なのだという事実を、カオスの発見は教えてくれた。現代物理学は、このように研究の領域や研究手法の拡大を通じて、現在も発展を続けているのである。

物理学の研究にタブーはない

かつて原子や分子の振舞いに関わる研究は、化学が取り扱うものだと考えられていた。これらのミクロな粒子は、元素間の化学反応とその性質に関する研究の材料で、実験的に研究がなされてきたのである。

二十世紀に入って一九二〇年代の半ばに量子力学と呼ばれる学問体系が物理学者によって建設された。この学問が研究の対象としたのは、原子や分子の振舞いであり、元素間の化学反応や反応に関わる諸性質は、そこで解き明かされた原子のミクロな構造に基づいてすべて解決できることが示された。

原子の構造が明らかにされ、こうした研究成果は、化学結合や化学反応の機構を物理学的に研究する道を開いた。

このような展開を経て、化学という学問に関わる事柄は、すべて量子力学という学問体系により取り扱われるようになっただけでなく、正確な量的な関係まで明らかにされるようになった。物理学者に言わせれば、化学は物理学の一分科となってしまったということになる。

化学という学問は、このように量子力学を適用することによって研究されるようになった。化学物理学（Chemical Physics）と呼ばれる学問が誕生したのである。

もちろん、伝統的な化学の研究手法によって取り扱われる分野もたくさん残されているので、現在でも化学という学問領域があり、多くの研究者が研究に従事しているが、その研究のための基礎的な原理が、量子力学にあることを否定する化学研究者は多分、ほとんどいないものと思われる。

天文学においても、遠くの星々や銀河、あるいは身近なところでは太陽や惑星たちから送られてくる光や、いろいろな波長域の電磁波の分析には、量子力学の知識と理論が適用されている。

宇宙空間のいたるところで起こっている自然現象の研究が、量子力学と相対論とを主柱とした現代物理学によりすべて解き明かされてしまうものと推測されているのだ。

宇宙物理学とか天体物理学とかいう訳語を与えられる〝Astrophysics〟という用語は、十九世紀の終わり頃、アメリカのヘールにより、天体が作り出す天文現象はすべて、光の研究に基づいて形成された物理学によって解かれていくのだという確信の下に作り出された。

二十世紀に入り、量子力学の成立により、天文現象に関わる光がもたらす情報は、ほとんどすべてが物理学を適用して解き明かされることになった。天体間には重力の作用が働いているし、宇宙そのものも、重力の働きを考慮しなければならないので、一般相対論が研究に適用される題材も多い。

このような現代物理学の発展が、この宇宙に起こるのが観測されるあらゆる現象、つまり天文現象の研究を可能としたのである。

宇宙論という宇宙物理学の一部門が、前章の終わりのところで述べたように、インフレーションに始まるビッグバン過程による膨張する宇宙像を導き出したのは、現代物理学とそれを支える実験技術の進歩がもたらした成果であった。

私事で恐縮だが、京都大学理学部の学生時代に私が専攻したのは、地球物理学と呼ばれる物理学の一分科であった。専攻を希望した研究室を主宰《しゅさい》する教授を訪ねたときに言われたことで今でもよく覚えていることは、地球物理学も物理学の一分科なのだから、物理学をしっかりと学ばなければいけないという助言であった。

私は地球物理学についてはほとんど勉強せず、太陽物理学や宇宙線物理学の方面について研究する人間となってしまったのだが、このように専門分野を移すことができたのは、当の教授の助言に従い、物理学、特に現代物理学について懸命に勉強をしたことにあるのを思い出し、今でも感謝している。

地球の内部、大気、海洋、あるいは地球磁気が周囲に広がる地球磁気圏と呼ばれる領域など、多方面にわたる研究分野が、この地球物理学と呼ばれる学問に属する。研究対象が地球という特定の惑星に限られているというだけのことである。

現在では太陽系の諸惑星や月に関する研究も、地球物理学と同じように、物理学を基礎に研究が進められている。

このように物理学、特に現代物理学の理論と研究の方法は、生命に関わりのない自然科学のすべての領域の研究に適用され、大きな成果を挙げてきた。

また、現代物理学の成果は、いろいろな方面における技術の発達や改善をもたらし、現代社会に革命的な変貌を現出させている。情報や通信に関わる諸技術、種々の化学製品の開発など、現代物理学の研究成果が基礎となって、こうした発展を可能としているのである。

「生命とは何か」という問題に挑む物理学

一九五〇年代半ば頃から、生命現象を支える物質について、分子レベルにまで立ち入って研究することが可能となった。こうして急速に進歩した学問は分子生物学（Molecular biology）と呼ばれ、多くの研究者から、現在最も注目されている自然科学の研究領域だと見なされている。

この方面の研究の口火が、物理学者により切られたことはあまり知られていない。分子生物学を切り拓くのに大きな役割を果たした人々の多くは物理学者だったのである。

分子生物学という大きな学問分野を作り上げることになったこれらの人々のほとんどは、量子力学の学問体系を建設した研究者の一人であるシュレディンガーが、一九四四年に著した『生命とは何か（What is life?）』を勉強し、この方面への研究へと突き進んだという。

また、分子生物学という名称は、物理学者であったレオ・シラードの命名によることも、あまり知られていないようだ。

このように、現代物理学の理論と研究の方法は、かつてはそれぞれ独立した学問であると考えられていた自然科学のすべての分野の研究の基礎に据えられている。なぜなら、物理学の研究には自然現象について対象を限定しないという、きわめて自由な面があるからである。

言うならば、物理学の研究にはタブーがないのである。

どのような自然現象に対しても、現代物理学の理論と研究の方法が適用できると考えてよい。現代に生きる私たちは、自然現象の研究において、万能（all mighty）とも言える研究の手段をすでに持っているのである。

自然のすべてを解き明かす現代物理学

数学のことばで自然現象の記述ができるのだと、ガリレオが述べたことについては前に記したが、それが可能なのは、ごく少数の限られた単純な現象に対してだけのことである。

しかしながら、数学のことばで記載できれば結果は厳密になるし、数値的にも結果はひととおりしか期待しえないから、誤解を招くこともない。前に、物理学上の理論は決定論的だといったのは、このことを指しているのである。

そのため、次第に数理的な表現を自然現象の記述に対し追求していくことが、物理学の目的であると考えられるようになった。

実際、化学や生物学に関わった自然現象と異なり、物理学が対象とした自然現象には比較的容易に数理的表現ができ、法則性を理論に導くことができるものが多かった。だが、逆に言うならば、このようなことが可能な自然現象を取り上げて、物理学という学問が取り扱ってきたと言えよう。

その結果、化学や生物学が扱う自然現象は、物理学の研究対象となりえず、これらの学問と物理学とは独立した学問であると長い間考えられてきたのである。

先に見たように、この考え方は根底から覆《くつがえ》されて、化学や生物学すらも、現代物理学の体系により研究できるようになっている。

化学や生物学は、基本的には極微の原子や分子、それらの集合体が関わって形成される学問である。したがって前に触れたように、量子力学が建設されて以後、数理的に見て厳密な研究が、これらの学問においてできるようになった。

原子や分子、またはこれより微細な素粒子に関わる自然現象について、実験的に観察や観測に基づいて研究しようと試みると、ある制約が必然的に伴うことが明らかとなった。

こうした観察や観測には、光あるいはもっと広く言って電磁波(例えばX線やγ線)を、研究者は用いる。自分の目で観察や観測を直接できる場合でも、観察や観測を試みる研究対象に電磁波を当てて、目の代わりに精密な観測や測定ができる実験装置を用いて見ることにより、客観的な成果が得られるからである。

だが、原子や分子あるいは素粒子のような極微の対象は非常に軽いため、X線やγ線のような電磁波を当てると、この電磁波により跳ね飛ばされ、元々あった位置から動いてしまう。そのため、これらの対象をそのままの状態で観測や観察ができない。

したがって、ある程度の不確かさが常に生じることになる。実験的な研究を行なう研究者が、観察また観測する対象を乱してしまうからである。このような干渉を、極微の世界の研究では避けることができない。

この干渉という現象は、自然現象の起こり方が偶然性に支配されて起こるものではなく、極微の世界で起こる現象を観察や観測する際に、必然的に起こるのである。極微の世界の研究には、このような制約が常に伴う。

不確定性原理とは、こうした干渉が引き起こす、必然的な結果を表現する理論である。

しかし、一方で研究者の思想信条や信仰、あるいは価値観といった人間の資質に関わった事柄が、研究の過程に入ってくることは許されない。

自然科学の研究は、対象としてきた現象に対する研究成果が、万人の共通理解を得て初めて、その実験や観測の結果や理論が〝当面〟正しいものとされるのである。当面というのは、実験技術や測定法、観測機器の進歩などにより、これらの内容が変わってくることは充分に予想されるからである。

このように変わっていくことが学問の進歩なのである。ノーベル医学賞を受賞したイギリスの免疫学者ピーター・メダワーも、〝自然科学と呼ばれる学問は、進歩する学問なのだ〟と言っている。

現代物理学と呼ばれる学問体系は、量子力学と相対論を基本の柱として成り立っていると前に述べたが、現在でも、この二つの柱を融合した理論は未完成のままである。この意味では、この学問体系もまだ発展途上にあると言うべきなのである。

なぜ、このように言うのかというと、物理現象にはどんなものでも、空間の中に現象を起こす対象があり、それが時間の経過の中で推移する。それゆえ、量子力学という学問体系も、空間と時間の中で起こる現象を取り扱うのは当然のことである。

だが、ここで注目すべきことは、空間と時間を合わせた、いわゆる四次元時空の中で、量子力学が研究の対象とする現象も起こっているということである。

四次元時空は相対論を成り立たせる、いわば理論の背骨であるから、本来なら、量子力学の学問体系自身が、相対論の枠組みの中で体系化、言い換えれば、融合された理論として定式化されなければならない。

このような理論が完成されて初めて、一つに統一された理論（Unified Theory）ができたことになる。

だが、先に触れたように、現在でもこの理論は完成されていない。世界の多くの理論物理学者が日夜研究を続けているから、そう遠くない将来にこの理論が完成される日が訪れることであろう。

近頃しばしば聞かれる「超弦《ちょうげん》（Superstring）理論」というものがあるが、これも先に述べた統一理論を目指した一つの方向なのである。

このような不完全な面をまだ残してはいるものの、この学問が作り上げられた結果、自然現象は極微の世界で起こるものから、宇宙的規模で起こる極大の世界まで、あらゆる階層の自然現象が研究できるようになっている。

自然現象を研究するための道具立てが、すべてとは言えないまでも、ほぼ完全に近い形に仕上がっているのが現代なのである。

二十世紀は物理学の世紀

十九世紀末に〝二つの黒い雲（black clouds）〟と呼ばれて、未解決のままになっていた難問（57ページ参照）は、一つは量子力学の建設により、もう一つは相対論の建設により、ともに解かれてしまった。

これら二つの解決の中から「量子」という概念が生まれ、光も物質粒子も波動性と粒子性をともに持つ不思議な存在であることが明らかとなった。また、光速度が普遍的に光源の運動に関わりなく一定で、空間を伝わることが明らかにされ、時間と空間が不変のスケールを維持するものではないことが明らかにされた。

こうした現代物理学の成果の技術面における応用と発展が現代社会を支えていることは、私たちの日常生活の中に、現代物理学が解き明かした物質の性質や、光と物質との相互作用が技術的に応用されて、いたるところに見られることからも気づくはずである。

多くの人が現在利用している携帯電話もコンピューターも、物質のミクロな構造とその働きが解き明かされて、技術的応用ができるようになった結果、今日見られるような隆盛を来《きた》した。

すでに述べたことだが、物理学の研究対象には限りがなく、その対象の中に数学的に表現できる法則性を見出してきた。そうして見つけられた法則性は、厳密に成り立つことが保証されているから、理論として、予見性を持つのである。

だが、これには矛盾する場合のあることが最近発見され、こうした現象がカオスと呼ばれていることにも言及した。しかしながら、この発見は現代物理学が成り立たないことにつながっているわけではなく、非線型と呼ばれる現象として、これもまた数学的に捉《とら》えることができるようになった。

カオスの発見には、実は高速で演算ができる大型コンピューターの利用が欠かせなかった。カオスのような現象の発見には、大型コンピューターによる数学的な解の追跡が不可欠であったからである。

大気の大循環は地球規模で起こる現象だが、この循環の数式的表現には非線型の項が含まれており、それがカオスと呼ばれる複雑な現象を引き起こす。

この項の大きさは非常に小さく、例えば、地球上のどこかに生息する一羽の蝶がちょっと羽ばたくことからカオスが生じると、それがやがてついには大きな影響を、大気の大循環のパターンにまで及ぼすようになってしまうといった事態も否定できないのである。これは〝バタフライ効果〟として知られている。

このように、決定論的な法則性の中に、非線型の効果が入ってくる現象には、常にカオスと私たちが呼ぶ、因果関係から外れるという影響が入ってくる。

物理学者たちは十九世紀末までに、すでに自らの研究する物理学という学問が完成の域に達していたと信じていたのであるが、このカオスの存在が発見されたことによって、その限界と、大きな進歩へのヒントとが明らかになった。

この二十世紀に成立した量子力学と相対論を二つの主柱とした学問体系を現代物理学と呼ぶのに対し、それまでの十九世紀の物理学を私たちは現在、古典物理学と呼んでいる。実際、自然現象のほとんどすべてが非線型のものなので、以前は研究の過程で、さまざまな手法を駆使してそれらを排除していたのだが、コンピューター技術の進歩によりこのような試みをしないで済むことになった。これがカオスの発見につながり、物理学の研究最前線に新しい分野を切り拓かせることになった。

このように現在でも、物理学は新しい最前線を形成しながら進歩を続けている。その適用範囲は、生命現象の研究にまで及んでいる。生命を形成する物質は原子や分子からなり、それらが化学結合という量子力学的な働きと化学反応という、やはり同じ働きに基づく時間の経過の中で起こる物理過程が、生命現象を成り立たせている。今、時間が介在すると言ったが、生命現象は生成・発展していく過程で、必然的に時間の流れの中で営まれる。

このような時間の流れの中で生成・発展していく自然現象は、生命現象に限られているわけではなく、あらゆる自然現象を通じて見られることである。こういう観点から、地球が生きているとする〝ガイヤ〟という考え方が生まれてきている。

この時間という不思議な物理量は、自然現象すべての生成・発展に関わっている。〝時間とは何か〟という設問に答えるのは難しく、現在でも正しい解答が得られていると考えている物理学者の数はあまり多くないに違いない。もしかしたら、一人もいないかもしれない。

私たちは誰でも時間のことは口にするし、日常生活の中では、時間の経過については経験を通してよく分かっているものと考えている。しかし、空間には前後二つの向きがあるのに、どうして時間は一方向にしか経過しないのだろうか。

時間が私たちを取り巻く世界では過去から一瞬の現在を経て未来へと進んでいくことを、私たちは経験に基づいて知っている。これは、私たちの周囲に広がっており、今見ている世界を作っている物質世界で起こっていることだからである。

ところが、この現実世界には存在しない反物質の世界では、時間の経過はどのようになっているのであろうか。反物質とは、質量は同じだが、電荷が逆の性質を持つもののことである。

ファインマンという物理学者は、反物質の世界では、時間が物質世界とは逆向き、つまり未来から過去に向かって逆流するのだとして理論を考えれば、陽電子、反陽子など反物質の世界を矛盾なく説明できることを示した。

陽電子、反陽子など反物質の世界は、このように奇妙な世界なのである。

現代物理学が目指すこと――物質の究極構造とは

自然科学と私たちが呼びならわしている学問分野で、現代物理学は最も成功を収めてきたと言っていい。

化学、天文学、地球科学と呼ばれ、かつては物理学とは独立した学問だと考えられ、歴史上、物理学とまったく無関係に研究されてきた分野が、これまで見てきたことから分かるように、今では現代物理学の理論と研究方法を適用することにより、より精密に正確にその内容が充実し、多くの難問とされてきた疑問が解決された。

化学には化学物理学、天文学には宇宙物理学、地球科学には地球物理学というふうに〝物理学〟を付した分野が成立し、現代物理学の理論と研究方法を適用することにより、現代物理学を基礎においた学問となっているのである。

二十世紀における自然科学研究が、現代物理学を基礎において発展するようになるのだと、誰かが企図したわけではないが、この学問が物質の究極構造とそれに関わる物質間の相互作用を、ほぼ完全に解き明かしてしまい、その結果が、自然科学諸学の基礎となることが判明したことを通じて、現在の自然科学の潮流を形成してきた。

私たちの周囲に広がる自然界は遠い彼方に存在する星々や、その集団である銀河まで含めて、物質から構成されており、この物質が多種多様な現象を作り出している。

この物質はいろいろな要素からできあがっているように見えるけれども、いくつかの基本となる物質粒子群から成り立っていることが、物質構造についての研究から明らかとなっている。

読者のみなさんは、物質の基本構造は陽子や中性子、電子、それからこれらの粒子の間に働く力の作用を媒介するパイオンや光子からなるといったことをどこかで聞くか、読んだ記憶があるかもしれない。

現在では、陽子や中性子はバリオンという名前で呼ばれていて、これらの粒子がクオークという名前のさらに微細な素粒子からなることが分かっている。

さらに、パイオンは、クオークと反物質世界の反クオークが対になってできること、電子はレプトンと呼ばれる基本粒子であり、光子は電磁力を媒介する基本粒子であることが明らかにされている。

現在明らかにされている物質の究極構造を構成する基本粒子は、クオークとレプトンと呼ばれる粒子のセットと、これらの粒子に力の作用を及ぼす、言い換えれば力の働きを媒介する粒子群とからなる。

二個のクオークとそれに対応する二個のレプトンの一組が世代と呼ばれる組を作っており、こうした世代が三つあることが明らかにされている。電子と対をなすもう一つのレプトンは電子ニュートリノと呼ばれる粒子である。

世代が三つあることは、クオークの数が合わせて六個、これと対をなすレプトンも同様に六個あることになる。

これらの粒子が物質の究極構造を構成するのだが、現実世界の物質を形成するために、これらのクオークとレプトンの間に四つの異なった力の働きを媒介する粒子群が存在する。

これらの力は、「強い力」、「弱い力」、電磁力、それに重力である。

強い力はクオーク間に働く力で、電磁力に比べ一〇〇倍も強力に働く力である。弱い力は放射能を引き起こしたりする力で、電磁力に比べ一〇〇分の一程度とあまり強くない。

物質の究極構造——クオーク、レプトンとは

〈いちばん簡単な原子……水素原子の構造〉

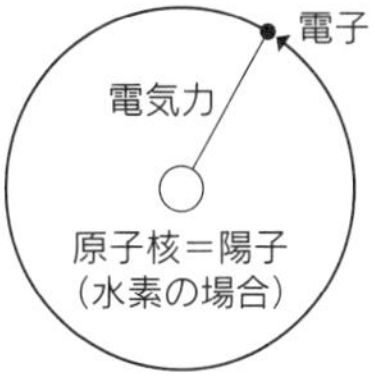

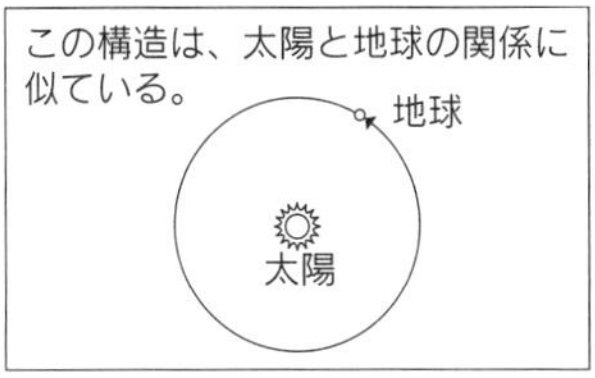

中心の原子核はいくつかの陽子といくつかの中性子からなる。
この原子核の周囲を、陽子と同じ数の電子が飛びまわっている。

〈原子核の構造〉

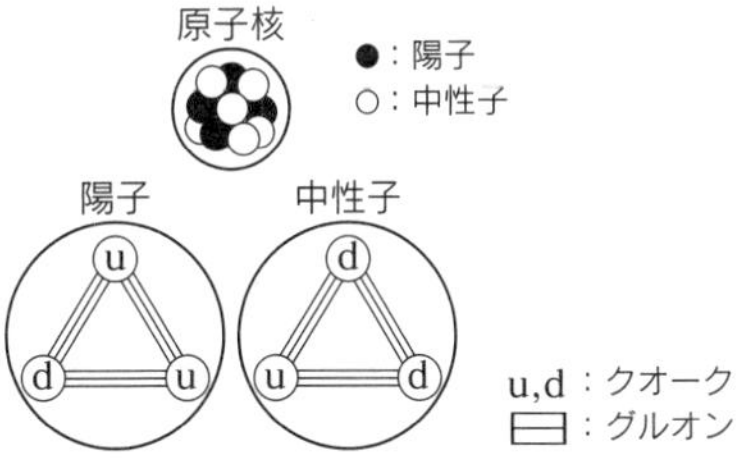

クオークどうしを結びつける力を媒介するのがグルオンという粒子である。

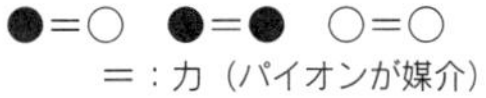

陽子＝中性子間、陽子＝陽子、中性子＝中性子の間で働く力を、パイオンと呼ぶ粒子が媒介する。
このパイオンは、湯川秀樹博士がその存在を予言した粒子である。

〈クオークとレプトンの種類〉

世　代	I	II	III	世　代	I	II	III
クオーク	u	c	t	反クオーク	$\bar{u}$	$\bar{c}$	$\bar{t}$
	d	s	b		$\bar{d}$	$\bar{s}$	$\bar{b}$
レプトン	e^-	μ^-	τ^-	反レプトン	e^+	μ^+	τ^+
	ν_e	ν_μ	ν_τ		$\bar{\nu}_e$	$\bar{\nu}_\mu$	$\bar{\nu}_\tau$

２個のクオークとそれに対応する２個のレプトンの１組が「世代」と呼ばれており、この世代が３つある。

それぞれに、逆の電荷を持つ反物質（反クオーク、反レプトン）が存在する。

電磁力は、電気や磁気の働きからもたらされる力で、私たちの日常生活でいちばんよく知られている力である。

重力は、地球から私たちに働いている力であることはもちろんだし、地球と月の間のように天体間でも働く。この力は宇宙の構造を決める働きもしている。

クオーク三個の組み合わせを作る力が強い力で、この力の働きを媒介する力がグルオンと呼ばれる。電磁力を伝える粒子が光子で、この粒子については今までに何回か触れたことがある。

弱い力を伝える粒子はウィーク・ボソンと呼ばれているが、重力の働きを伝える粒子は重力子（グラビトン）と呼ばれている。陽子と電子の間に働く電気力はこれら二つの粒子の間を光子が行ったり来たりして生じる。同じようなことがグルオンやウィーク・ボソン、重力子についても起こっているのである。

私たちの周囲に広がる自然界を構成する多様な物質世界が、こんなに少ない基本粒子群と相互作用を媒介する粒子群から形成されていることは、不思議にすら感じられる。

また、クオークやレプトンは、固有の回転運動をしている。この回転を意味する物理量を「スピン」と呼んでいる。グルオンや光子も、この回転運動をしている。

このスピンと呼ばれる物理量についてみると、クォークとレプトンは半整数（1／2）だし、グルオンなど力の働きを媒介する粒子は整数（1、2）と異なっており、両者が入れ替わることは基本的にはない。前者がフェルミオン（フェルミ粒子）、後者がボソン（ボース粒子）となっている。

現在、この自然界の物質の創生に関する統一的な理論の建設を目指して、世界各国の研究者が努力を重ねているが、今までのところ、これで最終というか究極の理論と考えられるものはまだできあがっていない。

重力を除いた三つの力、つまり強い力、弱い力、それに電磁力を統一的に記述する理論は成功しており、標準理論（standard theory）と呼ばれている。人によっては、大統一理論（grand unified theory　略してGUT）と呼ぶ向きもあるが、四つの力を総合的に取り扱えないので、不完全なものだと考えられている。

二〇〇八年度のノーベル物理学賞が、三人の日本人物理学者に授与されたことは、記憶に新しい。

三人のうち、小林《こばやし》誠《まこと》、益川《ますかわ》敏英《としひで》両博士は、先に見たクォークとレプトンがそれぞれ二個ずつ対となって世代を形成し、それが少なくとも三つ、つまり三世代あることを理論的に示した。

これら三つの世代には、それぞれニュートリノが一つずつ存在し、それらは電子ニュートリノ、ミューオン・ニュートリノ、それにタウ・ニュートリノと呼ばれている。

ニュートリノの種類が三つ存在することは、この宇宙全体にわたって存在するヘリウム核の数が水素核（陽子）の数と比べて約一対一〇、質量比で一対三であることを説明するに当たって、シカゴ大学教授であったデイヴィット・シュラムによって導かれた。

このことは、クオークとレプトンの対からなる世代が三つでよいことを示していた。この人は私もよく知っていた人だが、スポーツマンで自家用飛行機を運転中に墜落事故で亡くなった。残念なことである。

南部陽一郎《なんぶよういちろう》先生は、私が京都大学の学生だった頃、大阪市立大学教授として有名な方であった。数年後には渡米され、現在ではアメリカ国籍を取得されているから正確には日本人ではない。

南部先生は物質の究極構造が物質世界の粒子群からなり、反物質世界の反粒子群がこの現実世界に存在しないのはなぜかを解き明かす手がかりとなる理論を作り上げられたのだと言ったらよいであろうか。この宇宙には、物質しか存在せず、反物質は現実には存在しないのであるから、この自然界は非対称になっているというのである。

理論によって証明できること、できないこと

自然科学という学問は、最終的にその拠《よ》って立つところは、経験（実験もその一つ）に基づいて建設されていくものなので、いろいろな物理量についても、実験による測定で決めることが必要である。

例えば、光の速さがなぜほぼ三〇万キロメートル毎秒なのか。しかも、この速さが、この自然界で最高であることを理論に基づいて説明することは、私たちにはできない不可能事なのである。

いつの日にか、この不可能事が可能事となる日が来るのではないかと推測し、それを追求するのが理論物理学者の夢ではないかという人もいるが、これはおそらく、いつまでも夢に留まるのであろう。

自然科学という学問が、経験科学に属する学問であることを、私たちは忘れてはならない。しかしながら、何度も述べているように、自然科学は進歩していく学問であるから、現在不可能事とされていることが未来永劫《えいごう》にそうであると言い切ることもできない。

宇宙におけるダーク・エネルギーについても、この〝見えない〟エネルギーが、どのような起源のものか、いつか明らかにされるものと予想されている。この予想が解決されたときには、宇宙論がまた変貌を遂げることであろう。

研究者の多くは常に未来に夢を託し、その夢を解決し、さらに包括的な理論を作り上げるための努力を続けている。人類の築いてきた文明が続いていくかぎり、こうした努力は世代を超えて受け継がれていくのであろう。

元来、人類の心の中には、こうした衝動への動機が潜在的に存在しているのであろう。だからこそ、文明が興《おこ》り、今日見られるような世界が構築されたのだと言える。

しかしながら、この動機が崇高なものであったかどうかという論理に関わった事柄から見たとき、そうした必然性が存在したようには見えないのが残念である。人類の文明に対する悲観的な見方が存在することは、多くの人々が承知していることであろう。

私は、こうした悲観的な見方に与《くみ》したくはないが、人類には倫理という概念は、将来への生存にとって不可欠なものとしなくてはならないのだということを忘れてはならない。これが、私の個人的な見解である。

現代物理学に終わりはあるか――統一理論の夢

この宇宙は、創造の瞬間から膨張を続け、その過程で物質を生み出し、さらにその物質から、現在見られるような銀河群が宇宙空間に散らばって存在するような構造を作り上げてきた。

そして、現在この瞬間も、宇宙は加速しながら膨張を続けている。

このことは私たち自身が宇宙が進化する過程の中で、その時間の最前線に立っていることを示している。

言い換えれば、私たちは瞬時に過ぎ行く現在に立っているのであるから、来るべき時間世界は、私たちにとっては未知に属する世界である。私たちは地球という小さな天体の上に、生を営みながら歴史を作っていく存在なのだ。

自然科学研究の歴史について見ると、近代科学（modern science）という現代にまでつながる研究の方法、つまり分析的・解析的方法が確立され、物理学における法則性とその数学的表現が現代への伝統となるきっかけを築いたのは、十七世紀、〝科学革命〟の時代のことであった。

そして、二十世紀はこの伝統の上に立って、物理学という学問をほとんど完全に近い形式に仕上げてしまった。〝第二の〟科学革命の時代と呼ばれる理由がここにある。

一九〇五年には、物質とエネルギーの等価性が、アインシュタインにより定式化されたが、これが実際に自然界にあって実現されていることは、星のエネルギー源に関する研究から明らかにされた。

だが、こうした科学の成果が、私たちにとって文明の未来の運命にまで関わることが明らかになったのが、原子核エネルギーの人工的解放の発見である。

この科学的発見の成果は、原子爆弾の発明と使用により初めて現実のものとなった。第二次世界大戦末期における広島と長崎へのこの爆弾の投下による大被害は、私たち日本人には忘れられない出来事であった。

現在、世界各国により、この原子核エネルギーの解放を利用した原子力発電施設が運用されている。人々の安全が脅威と隣り合わせとなっているのが、現在の文明の有り様なのである。

やがて、物理学は完成されてしまい終末を迎えるときが来るだろうという声が、実際に物理学者の中から聞こえてくるのは、物質の究極構造の解明が進み、実用的には原子核エネルギーの利用が現実のものとなった結果を反映したものであろう。

統一理論という物理学全体の基礎となる理論が、物質の究極構造の解明から、その由来を明らかにする目的の下に研究されている。

しかし、この理論は先にも触れたように、現在まだ完成されていない。この点については、物理学も経験科学の一つであることを考えれば、これでもう終わりという段階にまで、すぐ到達するということは不可能なのではないだろうか。

ここで言えることは、現代の物理学は素晴らしい成功を収めてきたということである。宇宙の創造と進化についても、インフレーションという過程に始まる膨張宇宙論が確立され、基本粒子の生成から説き起こした物質の進化が、現在観測される宇宙の姿を理論的に再現してみせてくれている。

見方によっては、人類が宇宙の創造と進化を解き明かす秘密の扉を開いたのが、現代だということになろう。

このことは、人類が宇宙を創造した〝全能の神〟――こんな神が存在したとして――の所業を明らかにしたことに通じ、研究者によっては〝神の手〟を人類は、ついに手に入れたのだという言い方さえなされることになる。

このような神の存在を前提にした宗教を、文化の背景に持つ科学者たちにとっては、人類、すなわちヒト科ヒト（Homo Sapiens）と分類される生命は、ついには神に取って代わったのだということになるのかもしれない。

旧約聖書の創世記の冒頭では、神が「光あれ」と命じている。これを科学的に解釈するならば、膨大なエネルギーの創造のことを指しており、このエネルギーが、物質の創造に導くインフレーション過程であったとする解釈もできようというものである。

いずれにせよ、現代物理学という自然を研究するための強力な手段を創造した人類の素晴らしい能力は、いくら高く評価してもしきれるものではないように私は感じる。

それでは、そのように私に感じさせる動機は、どこに隠されているのかについて、これから私なりに考えてみたい。

人類が文明と呼ばれる様式を見出したのは、せいぜい一万年前である。宇宙の創造と進化、その過程の中で起こった物質の創造と進化について、ほぼ解き明かすことに成功したと言えるようになったのは、ここ二〇〇年ほどの短い期間にすぎない。

十七世紀の科学革命の時代からでも四〇〇年足らずであり、現代物理学の建設から数えれば、半世紀あまりしかまだ経っていない。こんな短い時間の中で、〝全能の神〟——こんな神がいたとして——の所業を解き明かしてしまおうとしている人類の能力は、いかにして開発されてきたというのだろうか。

この能力を、私たちは知性（intelligence）と呼ぶ。

この能力がいかなるものかを探り、人間の持つこの畏怖《いふ》すべき力がどこから来たのかを見つけることが、これからの研究課題であろう。

第3章

宇宙はなぜ生命を生み出したのか

——生命を進化させたエネルギーの起源とは

生命は遅れてきた存在である

宇宙の進化の歩みの中で起こった、物質の創造と進化の過程で、生命は宇宙にとっていわば遅れてきた存在である。なぜならば、生命の存在を可能とするためには、生命を作り出すのに必要な元素群とエネルギーとが不可欠であったからである。

生命はそれ自身で、これらの元素やエネルギーを生み出すことができない。したがって、生命はどんな形、どんな機能のものであっても、宇宙の進化の歩みの中では相対的に新しい創造物なのである。

たとえば、地球上の生命の誕生について考えてみても、地球が前もって形成されていなければならなかったし、地球に生命が必須とする元素群が存在しなければならなかった。そのうえで、生命がいわゆる生命活動を維持するのに利用できるエネルギーが、生命環境の中に存在していなければならない。

幸い、地球の表層に近い内部の地殻には、生命が存在するために必須である元素群が存在していた。

エネルギーについては、現在の生態系の有り様から見て、その大部分を太陽から得ている。地球環境の中に形成された生態系は、太陽がなかったとしたら維持しえないのである。

では、この太陽からのエネルギーは、どのような過程を経て生成され、地球に送り届けられているのだろうか。

太陽を巨大なガス球にしてくれているのは、この天体を作る物質間に働く重力、すなわち万有引力である。

この力の働きの下にある太陽の本体は、重力の働きによって収縮しようとするガス体を支えようとして、この働きに抗《あらが》うために超高温となってガス圧を上げ、そのガス圧が重力と釣り合って太陽本体を構成することで、私たちが今見るような光の球となっている。

中心部の温度は、一六〇〇万度ほどもあると、理論的に見積もられている。

超高温の中心部では、大量にある水素の原子核、陽子同士が融合していく熱核反応という過程の下で、陽子四個が順次融合してヘリウム核一個を合成し、その際〇・七パーセントの質量を減らし、この質量を光エネルギーに変換する。このエネルギーが表面にまで運ばれてきて外部の空間へと放射されていく。

ここでも、第1章で見たアインシュタインの等価原理が実現されている。

このエネルギーの一部が地球にも届き、地球環境を温めてくれるのである。たまに、太陽は光と熱を送り届けてくると説明している本などがあるが、これは誤りで、届くのは光エネルギーだけなのである。

この光エネルギーの一部を、私たちの身体が吸収した結果、体温が上がり温かさを感じる。体温は私たちの身体を作っているいろいろな分子が運動していることから生じており、さらにこのエネルギーを吸収し、運動がさらに活発になることから、温かさが感じられるのである。

今、分子が運動していると言ったが、これが熱運動と呼ばれる現象で、ミクロに眺めてみれば、私たちの身体全体がこの熱運動によって揺らいでいるのである。この熱運動が、実は体温を作っている。

このようなことが明らかになったのも、物理学という学問の研究が進み、温度と熱運動との関わり方が解き明かされたからなのである。熱と呼ばれる特定の物質が存在するわけではないのである。

私たち一人ひとりは、生きていくために物質とエネルギーを必要に応じて体内に取り込み、それらを利用したあと不必要となった部分を、体外に捨てるという働きを通じて生命を維持している。このことは一人ひとりが、物質とエネルギーの流れについては、一つの

循環過程を繰り返しながら生きているのだということを意味する。

私たち人類も含めて地球上に生息するあらゆる生命は、その維持に必要な基本物質である元素群を、自らの体内で作り出すことができないし、体内で生命の維持に関わるいろいろな化学反応過程を働かすためのエネルギーも、これら基本物質からもたらされるのであって、生命が自前で作り出しているわけではない。

こんなことは当たり前だと考える人がいるかもしれないが、自前の〝生命力（vital force）〟という力が、生命に備わっているのだという信念が捨て去られたのは、それほど遠い昔のことではないのである。

シュレディンガーの予言

生命は、物質とエネルギーの二つを利用しながら、いわゆる生命活動を維持する一つのシステムであると言ってよい。

システムという言い方は、ある一つの組織が系統立てて機能を果たすものを、このように表現するのだと考えてよい。会社、学校、政府など、人間が関わった組織もシステムだし、いろいろな機械、交通に関係した組織もシステムである。当然、生命もシステムである。

　このような有機的に統合された合理性を持つシステムとしての生命が、どのような特徴を持ち、それが長い進化の歴史を刻んできたか、非常に不思議である。この不思議についてて解き明かすには、生命とはどんなシステムで、その働きはどんなものなのかについて理解しなければならない。

　これは難しい問題だが、ここでは現代物理学の視点に立って眺めてみることにしよう。

　一九四四年に理論物理学者のシュレディンガーは、『生命とは何か（What is life?）』と題した一〇〇ページ足らずの本を、ケンブリッジ大学出版部から出版した。ちなみに、その前年、オーストリアから亡命先のアイルランドのダブリンで、市民に向けて本と同じ題で二回講演している。

　当時は、第二次世界大戦中であり、ヨーロッパでは激しい戦争が繰り広げられていた。彼はユダヤ人ではなかったが、ナチス・ドイツに母国が支配されるのを嫌って、亡命したのであった。

　この本の内容で注目すべきことは、二つある。

　最初に取り上げられたのは、遺伝現象を司る機構で、遺伝子の構造についてであった。

当時はDNAと後に呼ばれるようになった遺伝子は見つかっていなかったが、シュレディンガーは遺伝子が非対称な構造を示すにちがいないと考えた。DNAと呼ばれる核酸という高分子が遺伝現象に関わることは、先の本が出版された年に発見されたので、シュレディンガーの本には、このことについての言及はないし、遺伝子はタンパク質からなるのではないかとの仮説は誤っていた。

しかしながら、遺伝現象が遺伝子によって受け継がれ、その構造が非対称なものだとの推論は正しかった。

二つ目に注目すべきことは、生命が維持されるのは、秩序を保つ機構にその理由があるというものである。この機構が後に述べるエントロピーの概念に関わるものであった。

エントロピーとは、どんなものであってもシステムであれば、それが時間変化をするとき、秩序からのズレが必ず増加していくという概念である。

例えば、コーヒーの入ったカップに、角砂糖一個を静かに入れると、やがて溶けた砂糖がカップ内のコーヒー全体に広がっていく。コーヒーと角砂糖というそれぞれの秩序ある状態が両者が混合した状態へと移行し、秩序のあった状態が失われてしまう。

秩序から無秩序へ状態が時間とともに移行していくことを、エントロピーという物理量を定義し、「エントロピーが増加していく」と表現するのである。

シュレディンガーは、生命とは、いろいろなものを食べたり飲んだりして、それから秩序ある構造を作り上げていくという特別な機能を持ったシステムなのだと定義したのである。

言い換えれば、生命とはエントロピーを減らしていく機能を備えたシステムである、つまり、マイナスのエントロピー「ネゲントロピー」を生成するのが生命だと言ったのである。負（マイナス）のことをネガティブ（negative）というが、これを取り入れた彼の造語であった。

現在では、生命は周囲の環境から孤立した存在ではなく、すでに触れたように外部からエネルギーを取り入れて、それを利用しながら生命の機能を維持していく存在であり、この外部との相互作用によるエントロピーの生成を通じて、まるで生命現象がエントロピーを減らしているかのように見えるのだということが明らかになっている。

だが、一九四〇年代半ばには、まだこうしたことは分かっていなかった。

シュレディンガーが取り上げた生命の特徴とされる二つの事柄は、今から見ればどちらも正しくはなかった。しかし、シュレディンガーの本は当時の多くの物理学者に読まれ、分子生物学と呼ばれる学問の誕生に大きな影響を与えたのであった。

シュレディンガーの「間違い」がDNA解析への道を拓いた

シュレディンガーが『生命とは何か』で考察した生命の本質は、物理学者のマックス・デルブリュック、レオ・シラードなどの人々の関心を引きつけ、彼らを分子生物学の誕生へと導いていった。二人はともに、この小さな本を勉強して、生命現象の研究に入った物理学者であった。

この本が出版されて五〇年を記念して開かれたシンポジウムで、数学者のロジャー・ペンローズが、二十世紀に書かれた本で人類史に残る記念碑的な書物であることに言及したあと、分子生物学を切り拓く役割を果たした物理学者で、この本を読まなかった人はいないとまで言っている。遺伝現象を司るDNAの構造を、ジェームズ・ワトソンとともに明らかにしたフランシス・クリックも、この本を読んでいた。

彼らが明らかにしたDNAの構造には、四つの塩基A、G、C、Tと略称される基本分子が含まれる。生命が必要とする二〇種の必須アミノ酸の生成に必要なものは、この四つの塩基のみであることは、ビッグバン宇宙論を提唱したガモフにより、理論的に証明されている。

また、デルブリュックは、ファージと呼ばれる細菌に感染するウイルスを取り上げることが、分子生物学の研究において重要であることに気づき、その増殖機構と遺伝形式について研究を行ない、後にノーベル医学賞を受賞している。

このように多くの物理学者が、生物学の中でも分子レベルの分野における研究で大きな業績を上げ、勃興《ぼっこう》期の分子生物学の研究をリードしたのであった。このことは、これらの物理学者たちが資質に恵まれていたことのみならず、物理学の研究対象は何でもよいのだという、この学問の性格に拠《よ》っていることは確かである。

しかし、このように物理学者が生物学、特に分子生物学の分野における研究に参入していくには、量子力学と呼ばれる学問体系の確立と発展とがなければならなかった。この現代物理学と名づけられた学問の成立が、生命現象まで研究の対象とできる道を切り拓くことを可能にしたのである。このような歴史的事実を忘れてはならない。

これは、物理学が生物学の領域にまで侵略をしていったのではなく、現代物理学が生物学の研究に適用できることが明らかになり、生物学の研究に革命が起こったのだと言わなければならない。

このような事実を誤解して、「物理学帝国主義」という表現をする人がいるが、こうした偏見は取り除かれねばならない。一方で、生物学者も、実は現代物理学の基礎については学ぶべきなのである。

生命はなぜ進化するのか

私たちの体温が、身体を作る分子の熱運動によるものであることについて前に触れた。体温となって表われる、私たちの身体を作っている分子の熱運動は、当然のことだが、運動エネルギーを持っている。熱力学と呼ばれる学問が明らかにしているように、これら大量の分子群の熱運動のエネルギーが温度に比例するのである。

私たちは体調が悪いときなどに、体温を測る。なぜ体温を測ることで身体の具合を確かめることができるかというと、この体温が私たちの身体を作るいろいろな分子の熱運動の激しさを表わすからである。

風邪をひいたりして体温が上がるのは、この熱運動が激しくなるからである。体温を上げることにより、感染したウィルスや細菌を弱らせたり、殺したりして自衛するのだ。こうした働きは、私たちの意志とは無関係に生じる。生命活動を維持するための自衛手段が勝手に起動してくれるのである。

気温や体温を測るときに私たちは一般に水銀の温度計を用いるが、では、なぜこの装置で温度が測れるのかを考えてみよう。

温度計を外気に曝《さら》しておくと、大気中の窒素や酸素の分子が温度計のガラスに頻繁《ひんぱん》に衝突し、その際、わずかだが分子の持つ熱運動のエネルギーの一部を、ガラスを作る分子や管内の水銀分子に与え、少しずつ温めていく。水銀は温められると、体積が膨張する。

窒素や酸素の分子が持つ熱運動のエネルギーとガラス管を作る分子と内部の水銀分子の熱運動のエネルギーが等しくなった時点で、水銀の膨張は止まる。そのため、その時の水銀柱の指す目盛りが、外気の温度、つまり気温を示すのである。

体温を測る場合も同じである。体温計と私たちの身体との間で、両者を構成する分子群の熱運動のエネルギーの授受が釣り合った時点で、体温となるのである。

この分子の運動は、分子の数が多いので、私たちがこのエネルギーの大きさを見積もるに当たっては、これら数多い分子の持つ運動エネルギーの平均値をとらねばならない。

分子の運動の速さには、速いものから遅いものまでいろいろあり、その平均値が分子群全体の特徴を代表的に与えるからである。

分子の中には、運動の速さが平均から大きく速いほうに外れたものや、逆に遅いほうに外れたものが、数は少ないが存在する。これらの分子群は互いに衝突したりして、しょっちゅうその熱運動の大きさを変えている。

したがって、ミクロに眺めることができたならこの大きさ、つまり運動の速さが常に変化しているのが見えるはずである。このようにミクロの世界では、分子群の運動は常に揺らいでいるのである。

時には衝突が激しく、分子を破壊したりするような場合も起こる。このようにして破壊された分子が、もしDNAであった場合には、DNAを構成する四つの塩基のうち一つが遊離させられて、そこに別の塩基が結合したり、あるいはDNAそのものが分断されるなどといった事態が生じる可能性がある。

実際に、このような過程が受精卵の中や、卵子、あるいは精子（または精細胞）の中で起こると、次世代の生命には何らかの変異が生じる可能性がある。

そして、こうしたDNAの変異よりも、ずっと可能性の大きいのが、大気圏外から地球に降り注ぐ宇宙線と呼ばれる高エネルギー粒子が、大気中の窒素や酸素の分子と衝突し、これらの分子を破壊して作り出された陽子や中性子、さらにはパイオン、ミューオンと呼ばれる粒子が受精卵と衝突することによって起こるＤＮＡの破壊である。

三〇〇〇万年に一度訪れる生命絶滅の危機

太陽自体が宇宙空間を動いているため、地球は太陽の周囲を公転運動をしながら、この宇宙空間内を局所的に毎秒二〇キロメートルほどの速さで、太陽とともに走り抜けていっている。

現在、太陽はオリオン・アームと名づけられた渦状をした形状に星々や星間物質と呼ばれるガスやチリが多く分布している空間を通過中である。このようなアームがいくつか存在し、天の川銀河の中心から渦状の形になって、銀河円板を広がっていっている。

渦状というのは、星々や星間物質が大量に存在する領域が、天の川銀河の中心部かららせん状のパターンを描きながら、周囲へと広がっていっているからである。

この領域は、星間物質が豊富にあり、そこから現在も星々が誕生しているし、星の一生の終わりに大爆発をしてガスやチリをこの領域に散乱させた残骸もある。

これらのアーム中には、太陽に比べ質量がずっと大きな星々も群がって存在しているが、これらの星の寿命はせいぜい数百万年と短い。

質量の大きな星のほうが、周囲の空間に向けて、より多くの電磁エネルギーを放射する。このことは、この電磁エネルギーの創出に必要な熱核融合反応――水素核（陽子）四個からヘリウム核一個を合成する――が、それだけ速く進むことを意味するので、そのエネルギー源となる水素核（陽子）の単位時間当たりの消費量がぐんと大きくなり、星の一生の長さが短くなるのである。

このような星は、その一生の最期に超新星爆発と呼ばれる大爆発を起こして、ガスやチリをアーム中に大量に放出する。この爆発によって発生した衝撃波は、これらのガスの一部を高エネルギーにまで加速し、私たちが宇宙線と呼んでいる粒子群を作り出す。

これら高エネルギーの宇宙線が多いアーム中を、太陽とともに地球が通り過ぎていくときに地球は、これらの宇宙線の照射に曝されることになるはずである。アームを通過し、次のアームに入るまでに、三〇〇〇万年あまりかかるものと現在見積もられているが、地球がアーム中を通過しているときに、地球上の生命に大絶滅と呼ばれる時期のあったことが、明らかにされている。

このように生命の存続の危機が、三〇〇〇万年あまりの時間間隔をおいて到来しているのは、この宇宙線の照射の強さの変動が、この時間間隔で起こっているからなのかもしれない。宇宙線の照射量の増減が、こんなに長い周期で、地球上の生命の存続に大きな影響を及ぼしていると考えられるのである。

生命の進化は偶然に支配されている

宇宙線の照射により、生命の持つ遺伝子、つまりDNAに組み込まれた遺伝情報に変異が生じることは、生命にとっては存続の危機となりかねない。しかし、逆にこうした変異が生命の生存にとってよい向きに生じるということも、数は少ないかもしれないが存在するだろう。

どちらになるかはまったくの偶然であるから、よりよい向きに起こった変異は、生命の存続に有利に働くものと思われる。このようにして生命に対する外部環境の変化が変異を導き、その結果、生命に進化という現象が生じるのかもしれない。

このように考えると、生命の進化には何らかの目的があったわけではなく、まったくの偶然に支配されて起こるのだということになる。言い換えれば、進化の動機といったものは生命の中にはまったく存在せず、変異が当の生命によいかどうかということもまったくの偶然によって決まるのだというわけである。

ここでは、宇宙線の役割を強調しすぎた嫌いがあるかもしれないが、生命体の内部で起こっている熱運動から生じる変異も無視できないであろう。

熱運動の中の高速成分が引き起こす変異も、自然現象の中にしばしば起こるのが見られる一種の〝はみだし〟現象で、このような現象は〝ゆらぎ〟と呼ばれている。宇宙線の照射もやはり、一種のゆらぎで、長期的に見れば、ある平均の周囲にはみ出た現象でしかない。

だが、こうした〝はみだし〟現象が、生命の進化にとって重要な影響をもたらすのである。生命の進化には、こんなわけで審美的（aesthetic）というか、何らかの崇高な目的があるわけではないのである。

変異が起こった場合、それが生存に都合がよかったとき、この変異を受けた生命は生存条件がよくなり、次代以後、増加する可能性が大きくなっていくと予想される。生存条件に恵まれるということは、生命としてその構造や機能が存続に有利となっていることを意味する。これが進化の駆動力となるのであろう。物理学者から見た進化の動機とは、このようなものである。

なぜ生命には「死」が訪れるのか

生命の進化に何らかの合理的な目的があったのだとしたら、この地球上に数千万種に上る生命種が作り出されるなどという必然性はなかったはずである。

合理的な目的とは、生命にある種の完全性（wholeness）を求めるということである。生命種に多様性を生み出そうする動機は全然なく、このような完全性という属性が生命にあれば、現在地球上に見られるようなさまざまな生命体ができてくる理由はないことになる。極端にいうならば、生命はたった一種でよかったはずである。

これでは生きられないではないかという反論があろうが、こうした完全性が生命にあるのだとしたら、こうした生きるための方策も備わっているはずだからである。

このようにならず、前に述べたように、進化の過程に偶然が介在し、いろいろなタイプの生命種が出てきてしまったのは、いろいろな可能性に対応できるための変異の発生が必要であったのだと推測される。

生存の可能性がないような方向へ変異したものは生命として、あるいは生命種としての生存を許されないから、私たちの言い方を当てはめれば、そこには〝死〟が必然的に起こる。このように考えると、人類も含めてほとんどすべての生命種に死という生命維持の機構に対する断絶が存在する意味が分かるような気がするのは、私一人だけではないであろう。

すべての生命種は、現在でも世代を重ねる過程で変異が常に起こっており、生命種としてさらに合理性に富んだ機構を持つ生命を生み出すために、死という過程が、個々の生命に訪れると考えられる。

生命を進化させる宇宙エネルギー

生命に何らかの変異が生じる過程は、前に述べたように、偶然に、しかも目的なしに起こるのだが、そのためにはエネルギーが必要である。

エネルギーは外部から来るものと、熱運動に関係して生命体の内部に起因するものとがあるが、後者も究極的には外部から供給されることは、生命が外部から生存のためのエネルギーを取り込まないでは、生命として存続が不可能であることを考えてみれば、明らかである。

この生命活動を維持するのに必要なエネルギーは、どこから供給されるかというと、それは生命の存在する空間、つまり周囲に広がる環境からである。

地球は太陽から送り届けられるエネルギーにより、現在見られるような自然環境を作り出している。もちろん火山活動、海流、海底からの熱水の噴出などによるエネルギーも存在するが、太陽が存在しなかったら、現在の自然環境は形成されない。

太陽は、現在膨張を続けている宇宙空間の中の存在である。地球はというと、この太陽の重力の作用により、その周囲を公転しながら、太陽と同じ速さで、ともに宇宙空間の中を走りつづけている。

この宇宙の膨張を駆動するエネルギーは、現在のところ明らかとなっていないがために、「暗黒エネルギー」とか、「ダーク・エネルギー」と呼ばれているが、このエネルギーの流れの場の中に、太陽も地球も存在している。

これは宇宙にくまなく広がっているエネルギーであるから、地球上に生息する生命はすべて、このエネルギーの流れの場の中にあると言っていい。このエネルギーを、ここでは宇宙エネルギーと呼んでいるのである。

一方、太陽と地球との間の関わりに限ってみれば、太陽エネルギーの流れの場の中に地球は存在し、このエネルギーを取り入れて、現在の環境を作り出している。地球上の生命はこのエネルギーの一部を取り込み、生命活動を営んでいる。太陽エネルギーを最も有効に取り込んでいるのは緑色植物群で、これらの生命種が蓄積したエネルギーを、地球上に生息する大部分の生命種は利用しているのである。

宇宙空間からは、太陽光のエネルギー、宇宙線のエネルギーのほかにも、太陽から吹いてくるイオン化したプラズマと呼ばれるガスの高速な風（太陽風と呼ばれる）が運んでくるエネルギーや、大小いろいろな隕石や彗星物質などからのエネルギーなど、多様なエネルギーを地球は受ける。これらのエネルギーの流入が、時に地球に大異変を生じ、地球上に生息する生命にも大きな影響を及ぼすことがある。

宇宙線粒子群の地球大気中への侵入量が、異常に増えることによる生命種の大量絶滅については既に触れたが、恐竜類絶滅の原因として有名なのが、六五〇〇万年ほど前にメキシコ、ユカタン半島の付根付近への大隕石の落下である。これにより、地球環境は大量に吹き上げられた海水、土砂により、太陽光が遮《さえぎ》られてしまい、地球環境は寒冷化してしまったのであった。

恐竜類の絶滅に関するこの仮説が提唱されたときには、いろいろな方面から異論や反論が寄せられたが、ユカタン半島西北の海中に大隕石孔の跡が発見されて、この仮説が受け入れられることになった。

太陽は、重力の強い働きの下に巨大なガス球となり、その中心部は超高温の状態となっている。そこでは熱核融合反応が継続して起こっており、その結果、私たちが今見るように輝いている。

このことは、太陽を輝かす究極のエネルギーは、重力がもたらすエネルギーであることを示している。先に述べた大隕石の落下にも、重力エネルギーが関わっており、このエネルギーの解放が、地球環境に大異変を引き起こしたのである。

私たち人類は、地球が作り出す重力の場から逃れることはできない。重力の影響に適応できるように体形などの構造を作り出していることは、骨格の構造や筋肉の働きを見れば分かる。

この重力はこの広大な宇宙空間の中でも働いており、この力の働きの中で、宇宙の進化は進んでいる。この究極のエネルギーとも言うべき、重力の場がもたらすエネルギーが、いったいどのような機構の下に発現するのかをめぐって、現在も多くの物理学者により研究が進められているが、今までのところ、解明への手がかりは見つかってはいない。

いつの日にか、四つの力を統一的に、その原因にまで踏み込んだ理論、すなわち統一理論が完成し、宇宙に広がって存在する重力場がもたらすエネルギー、言い換えれば、宇宙エネルギーの流れの存在理由が明らかにされるのであろう。これは私の期待である。

エントロピーの概念と生命の存在理由

前に触れたように、シュレディンガーは生命の二つ目の特性として、無秩序から秩序あるシステムを形成する性質の存在を挙げている。

生命の本質は、当の生命の維持に利用できる質のよいエネルギー、言い換えれば、使い勝手の利《き》く良質のエネルギーを取り入れて、それを利用し、使用済みの質の劣化したエネルギーを、外部の空間に排出しながら、生命活動を維持する機構を内部に持つことにある。

物理学における熱エネルギーに関する理論では、生命を含むあらゆるシステムは、取り込んだエネルギーを一〇〇パーセント、その活動または運転などの仕事に利用できるわけではなく、必ず無駄になる部分が生じることが示されている。

私たちが何か仕事をするのに、例えば腕を振るなど体を動かせば熱が生じるが、これはその仕事にエネルギーがすべて使われることがなく、無駄になったエネルギーが、熱エネルギーに変換されてしまっていることを示す。

自動車や航空機のエンジンでも運転中に発熱するのが避けられないが、このことは熱エネルギーが発生し、これはエンジンの稼動には使われないで、無駄になることを意味している。機器の温度を上げているだけだからである。

この無駄になった熱エネルギーの温度一度（ケルビンという単位）当たりの量を、エントロピーという名前をつけて呼んでいるのである。

私たちの体温は、生命活動に有効に利用し損ねたエネルギーが、熱運動のエネルギーになって作り出しているのだが、その結果、生命活動の維持が可能となっている。

私たちには体温があるおかげで、体内で進むいろいろな化学反応が滞《とどこお》ることなく継続して起こり、生命としての活動を維持していける。

体温が三七度（三七℃）の時、これはケルビンという単位では、これに二七三を加えるから三一〇ケルビン（三一〇K）となるが、この温度は人類だけでなく、獣類、鳥類に共通している。このことは、この温度が恒温《こうおん》動物が生命活動を維持していくのに適していることを示している。

先に見たように、生命はエントロピーという使い済みの質の劣化したエネルギーに相当する物理量を外部空間に捨てながら、活動を維持する一つのシステムであるが、このシステムは、一種のエンジンと考えてよい。自動車や航空機のエンジンと似た機構を、生命は内部に持っているのである。

自動車や航空機には燃料を供給してやらなければならないが、私たち生命は、生命活動を維持するのに欠かせないエネルギーを食物や飲み物で摂取し、体内で起こる諸種の化学反応を通じて、生命が固有に持つエンジンを自律的に制御しながら運転しているのである。

これらの化学反応の多くは、酸素を利用した一種の燃焼であり、その過程で、これが制御されて暴走しないようになっているのは見事であると言えよう。

この生命のエンジンの運転に必要な質のよいエネルギーは、外部から供給されることが前提とされている。したがって、このようなエネルギーが得られなければ、生命は生命活動を維持することができなくなり、死を免《まぬか》れなくなる。

生命が存在でき、その状態が持続していけるためには、利用できる質のよいエネルギーが、生命活動の現場である周囲の環境に存在し、手に入れて使用できることが条件となる。

生命が進化してくる全過程を通じて、このような利用しうるエネルギーが、地球環境の中にずっと維持されてきた。だからこそ、数千万種と言われるほどヴァラエティーに富んだ豊かな生命が、地球環境の中で繁栄しうるようになったのである。

地球環境と似た環境条件を備えた天体が地球以外にもしあったとしたら、このような天体にも生命が存在し、進化の過程を経ながら、複雑な構造を持つ生命種を作り出している可能性がある。

現在すでに三〇〇個以上におよぶ、太陽系外の惑星が見つけられているから、これらの惑星のいずれかに生命を育《はぐく》んでいる天体があるかもしれない。太陽系内の惑星や衛星の中にも生命が存在するか、かつて存在したものがある可能性も否定できないため、近い将来に見つかるかもしれないのである。

第4章

なぜ人類は知性を持ったのか

——現代文明を生み出した「ことば」の歴史

「知性」とは何か

私たち人類は、一人ひとりが知性（intelligence）を持っているものと考えていて、それに疑念を抱くことがない。

だが、この能力はいったいどんなものなのかと改めて考えてみると、明確な答えはないように私には感じられてならない。

ただ一つ、確実に言えることは人類は未開で野蛮だと言われるような民族でも、ことばを発明しており、それを日常生活の中で使っているという事実である。現在でも、南米アマゾンの密林地帯に、生き様もほとんど知られていない民族が住んでいるが、彼らもことばを意思疎通の道具として使っている。

このことは、これらの民族が自分たちの使う道具や周囲にあるいろいろな物に名前をつけて、それらを使っていることを推測させる。このようにして民族一人ひとりにこれらの物に共通の概念と理解を持たせることになる。これにより社会が成立し、人々の間に共同体（community）の概念が成立する。

ことばという意思の伝達手段を発明するには、声を出すことのできる声帯と、それに空気を送り込む器官、すなわち肺や喉、口などが前もって人類に備わっていなければならなかった。さらに、備わっていたとしても、それをことばという意思の伝達手段に用いることができるということに気づき、それを発明しなければならなかった。

このような高度とも言える知的能力が、ヒト科ヒト（Homo Sapiens）といわれる生き物には先天的に備わっていたのだろうか。

こうした能力が、先天的に備わっていたとする仮説が、チョムスキーやピンカーといった言語学者によって提出されているが、ことばを使う能力が生得（innate）なものかどうかについては、言語中枢《ちゅうすう》に関わる遺伝子の存在が確認されるかどうかにかかっていると言ってよいであろう。

知的生命とことばとの関わりについては、今まで述べてきたようなことが考えられるが、人類がことばを発明した後に行なったことは、先に述べたように周囲の物に名前をつけることであったろう。

このような行為は、「記号化」と呼ばれるが、物に対するものから、いろいろなこと、つまり抽象的な事柄にまで記号化ができるようになり、思考が可能となるのは、当然の成り行きであったことであろう。

このような過程を経て、ことばの使用を通じて人類、つまりヒトは文化を生活の中に持つようになったものと推察される。ことばの構造は、人々の思考の形式、論理の構築のしかたにまで関わり、文化の様式まで規定するように働くようになったのは、きわめて自然なことと言えよう。

人類が直立歩行への移行によって、両手が自由になると、ことばだけでなく手振り、身振りでも、自分の意思が他の人々に伝えられるようになる。

直立歩行ができるようになり、重い脳を持つことが可能となり、喉頭部の変形による発声機能が改善され、文明形成への道が用意されることになった。両手は物を工夫して作ったりするのに利用されるだけでなく、絵や絵文字を描いたりするのに利用されるようになった。

すべての生命が共有する〝進化時間〟

生命が生を営むといういわゆる生命活動を維持していくには、生命体の内部に存在する物質の間で起こる化学的な反応過程を働かすために必要なエネルギー源が、周囲の環境の中に存在していなければならない。

このエネルギーについて、究極の根源はどこにあると考えられるか、そしてこのエネルギーの起源に生命を生み出す動機が含まれているのか、こうした疑問に宇宙の進化は答えなければならない。また、このような疑問を追求することのできる知的な生命が、どのような過程を経て創造されてきたのかについても、答えを見つけなければならない。

そのためには、人類が知性を持つにいたった理由を見つけることが必要である。地球上に数千万種に上るといわれる生命種の中で、人類と他の諸生命との相違がどこにあるのか見出さなければならない。

しかし、すべての生命種は、進化の歴史を時間とともに遡っていけば、地球上に最初に誕生した生命に行き着くはずであるから、すべてが同じ時間をかけて進化してきたわけで、すべての生命が同じ長さの〝進化時間〟を共有している。

このように考えると、私たち人類が、地球上の生命がいかにして進化の時間を刻んできたのかについて想いを馳《は》せ、遥《はる》かな遠い空間にまで広がる宇宙の構造やその歴史について考え、研究を進めることのできる地球上でただ一つの生命種として形成されてきたのだと分かる。

その事実を理解したとき、運命の力というか、何か言い知れぬ神秘感にも似た感情を抱くのは、私一人だけではないであろう。

このような他の生命種には見られない能力を与えられたのだとしたら、この能力を、この宇宙の創造と進化の歴史に対する研究に捧げようと試みるのも運命なのだという言い方もできるであろう。私たち人類という種を構成する一人ひとりは本来、この運命を背負ってこの世に送られてきたのだと私には考えられてならない。

生命は、この宇宙の広大な空間の中に存在するエネルギーを分け与えられて、生を営むことができる存在である。地球上において、このようなことを理解し、自分たちの宇宙における位置について考えられるただ一つの存在が、私たち人類なのである。

それにもかかわらず、小は個人間から、大は国家のレベルにいたるまで、地球上では醜い出来事があまりに多すぎる。残念だが、現状は情けないかぎりである。

だが一人でも多く、このことに想いを馳せる者が出てきてくれるように働きかけていくのが、宇宙における人類の位置を自覚した人たちの義務であり、責任なのであろう。

一個人にできることなど、大したことではないと言われるかもしれないが、たとえ小さくても、気がついた人がまず始めることだと考えて、私は努力している。

ヒトと他の生命との決定的な相違とは

地球上で起こった事件（affair）の中で最も大きいものは、生命という特異的な物質の集合体が、生命活動を維持するために組織的なシステムを作り上げたことであろう。そうして生命は、地球の歴史の中で、進化という過程を経て、現在見られるような生態系を作り上げてきた。

私たちはともすると、人類が他の諸生命とは本質的に異なる特別の生命種なのだと考えるが、進化に関わる三十数億年、あるいはそれ以上の長い時間をすべての生命種が経過して生きながらえてきたことを考えてみれば、互いに同等の存在なのだという事実に気づくにちがいない。

人類のほうが細菌や植物群、あるいは他の動物たちに比べて高等だなどということはないのである。みな同じ進化時間を経過して、現在見られるような生き方をそれぞれが見出してきたのだ。

人類を含め動物たちは、生存圏として環境の中を移動できる能力を、進化の過程で獲得することに成功した。それも自律的にである。

移動できる能力と言っただけでは、細菌類も含まれることになるが、自律的にこれら単細胞の生き物が移動する能力を持つとは考えられない。自律的に移動しうるということは、生命として周囲の環境の中で移動するのに、判断ができる（decision making）という能力を持っているということである。

この判断が下せるようになるには、生命体の中に何らかの命令系統が存在しなければならない。生命体にとって生命を全《まっと》うすることが一番の命題であるから、この系統はもともとは生命を守るための反射的なものであったろう。

この反射的な機能は、現在でもすべての動物種に維持されているのが見られる。例えば、何らかの危険に曝《さら》されたときには、それから反射的に身を引くか反《そ》らすかして、その危険を避けようとする。そのときには、一切の思考が関与することなく、行動は反射的に起こる。

生命は単細胞からなる細菌類も、自己の生存が危険な状態に曝されたときには、それを避けるように行動する。この点では、人類を含めた動物群と大差はない。

一方で、植物群はこうした危険を避けるという行動ができない。このような形の進化のしかたを、植物群の大部分が選択したのは、大地から生命活動を維持するための物質を獲得するという方式の利便さにあったのであろう。

人類をはじめとして、動物たちが移動することに関わる自律的な能力を進化の過程で獲得したとしても、それは反射的な（reflexive）ものであった。この能力が系統的にある種の判断に基づいて発揮できるようになるためには、思考する過程（thought process）が、これらの動物たちに発見されねばならなかった。

この過程を利用し、生命活動の維持に対し、有効に使っている生命種が、ヒト科ヒト（Homo Sapiens）に分類される人類なのである。

記号化することで生まれた思考

人類が最初に発明したことばの体系は、自律的な判断機能を持たない反射的なものであったにちがいない。

現在でも私たちが、こうした反射的なことばの使い方をしていることは、日常の暮らしの中でのことばの使い方を見れば、納得がいく。人と人とが出会ったときに交わす挨拶《あいさつ》、危険に出会ったときの叫び、その他、思考の過程を経ないで反射的に使われることばは、日々の生活の中でしょっちゅう見られることである。

思考の過程で人類が工夫した創造的な方法は、いろいろと周囲に存在する物に名前をつけることであったろう。物は具体的に目に見えるから、それぞれに違った名前をつけて区別するようにしたにちがいない。

こうした記号化（symbolization）は、私たちの思考を進めるのに大きな力を発揮する。その中で目に見えないいろいろな概念についても、こうした記号化がなされるようになり、こうした抽象概念がたくさん作られるようになった。

例えば、心、精神、感情、人情、能力など、数えていったらきりがないほど、こうした抽象概念をたくさん人類は発明してきた。

しかし、ことばの発見の経緯から見て、ことばの意味を経験を通して決定したものがいろいろとあり、それらはことばを習得する過程で、使い方が学習されなければならない。

これらは無定義語と呼ばれるように、例えば、辞典を引いてみても〝言い換え〟だけが記載されていて、その使い方について知らなければ、意味が分からず使うことができない。ことばは最終的には、こうした無定義語を基礎に、記号化を通じて作り上げられたたくさんの名詞からなる。

このような複雑な体系を人類は作り上げてきたが、完全な単語の体系というものは存在しない。だからこそ現在でも、新造語が次々と作られて出てきているのである。

だから、ことばの使い方がどうでもよいというわけではなく、論理的に使われなければ理解されることは期待できない。簡単に言えば、単語の羅列だけでは伝えられる範囲が限られてしまうため、私たちが文と呼んでいるような構造が必要になるということである。

反射的な「E言語」と人類固有の「I言語」

ここで要請されるのが、論理的な思考の過程であり、ことばの用法は意志的（voluntary）なものとなる。

このように、ことばの体系に反射的と意志的と二つの異なったものがあることの発見は、条件反射反応の研究で有名なパブロフに負うものだが、後に、前に名前を挙げた言語学者チョムスキーにも踏襲されている。

彼は前者を「E言語」、後者を「I言語」と呼んでいる。私たちは、このI言語の体系を駆使して、科学の研究や思想の展開など、高度の頭脳活動が可能となるのである。

こうした知的に見て高度な頭脳活動が可能となるためには、このI言語の体系が人類によって発明されねばならなかった。

チョムスキーはEとIの略号で二つの言語体系を区別したが、パブロフはE言語、I言語に対して、それぞれ外言語、内言語という名称を用いている。言おうとしていることは同じである。論理的な思考は高度な頭脳活動で、私たちは内言語系を用いているのである。

このような言語体系はヒトだけが発明したもので、他の動物群に例を見ることはできない。このような特異な能力が人類に生まれたのは、ことばの発見とその後のことばの体系化という事業の発展に負うているのである。

現代文明、特に科学と技術の成果に拠《よ》って立つ文明が、これらの成果を精密に記述できる言語体系に基づいていることは誰の目にも明らかなことであろう。

ことばが作られていく過程で、物や事に対して名前をそれぞれにつけて記号化するという手順を踏む作業を繰り返しながら、人類はことばの数を豊富にしつつ、音により自らの意思を伝達(コミュニケーション)する手段を徐々に拡大していったものと推測される。

最初のことば、すなわちチョムスキーの言うE言語(外言語)は、感情表現に関わったもので、複雑な表現は不可能であったろう。

だが、脳内に蓄積した記憶を、ことばによって整理して表現するためには、脳内での思考において、ことばの用法を論理的に組み上げねばならなかった。ここで初めて、内省という行為が形成されるようになる。

ことばを反射的に発するのではなく、内省を経て思考の論理に基づいて、ことばの順序まで考えに入れて発するようになり、内言語系（チョムスキーの言うI言語系）が確立されたのである。

この内言語（I言語）による意志的な表現をするためには、思考が論理的に進むように組み上げる機構が必要である。この機構の発現に関わるのが、私たちが意識（consciousness）と呼んでいる頭脳の働きだと推測される。この意識が覚醒して初めて、私たちには思考が進められる準備が整うからである。

私たち人間は、どこの国の住民であっても、それぞれ自分たちに固有の言語体系を持っており、それは皆、反射的（reflexive）、意志的（voluntary）の二つのものからなっている。この意志的な内言語系（I言語系）は人類に固有のもので、これを人類以外の動物たちに見つけることはできない。

文字の発明がもたらした文明の加速

人類は生きていくうえでことばを発見し、その機能を拡大させながら、言語の体系化を進化の過程の中で進めてきた。そうして内言語系を発明し、ついには声による生身の人間のことばを、外部に描き出す工夫をすることになった。文字の発明である。

この発明により、内言語系はさらに発達し、複雑な表現形式が作られてきた。この発明は私たちの言う学問の確立に導き、現在見られるような文明の様式を作り出した。先に科学と技術の成果に拠《よ》って立っているのが現代文明であるということに言及したが、文字の発明なしには、このような文明の成立は不可能であったろう。

文字の発明は、それを書き記すもの、そうして、それを保存するものの発明を促《うなが》した。これによりいろいろなことが記録して保存されることになっただけでなく、それらが世代を超えて受け継がれていくようになり、人間が築いた文明は加速度的に進むことになった。

私たちの生活様式は、一〇〇年前とまったく様相を異にしたものとなっている。現代文明を見てみれば、科学と技術の成果に支えられたものであることに気づくだろう。

一つ気がかりなことは、加速度的に進む技術開発の成果が、旬日《じゅんじつ》のうちに日常生活の中に入ってきて、ゆったりと落ち着いた気持ちで私たちが日々を過ごすことができにくくなってきていることである。

人間には心にゆとりが必要で、これがあって感情面でも豊かな生活が送れるのである。そうであるのに、心が感情と乖離《かいり》していっている現代は、人間の心を干からびさせ、将来に不安を抱かざるをえない。

心を生み出す脳の働き

人類は目で見たり、触って確かめたりすることのできない〝事〟の世界まで記号化して、まるで実体が存在するかのような表現形式を無数に作り出した。

この節の表題にある心も、実体を伴わない概念である。そうであるのに私たちは〝心〟という単語を頻繁に日常生活の中で使っている。心を見たり、触ったりした人はいないにもかかわらず、大部分の人は、心とはこういうものだと、抽象的で曖昧《あいまい》だが、一応の概念として持っている。だからこそ、心という単語を使うことができるのである。

日常生活の中で、ほとんど何の疑念も抱くことなく使っている〝心〟は、英語の“mind《マインド》”にあたるが、それは身体のいったいどこにあり、どこから心の働きが生まれてくるのだろうか。

今“mind”が、私たちの言う〝心〟にあたるとして引用したが、この英単語は、感情を突き放した冷静な思考のできる機能で、私たちが使う〝心〟とは意味するところが、少しだけずれているように私には感じられる。私たちにとっては、むしろ〝heart《ハート》〟に親近感を抱くであろう。

このような機能は、ことばの世界で見たら内言語系（チョムスキーのI言語系）に関わっているので、英語を話す人たちと私たち日本人は思考の様式が根源で異なっていることを教えてくれるのである。

心には実体が伴っていないので、これが私たちの身体のどこにあるのかについては心臓にあるのだとか、いや腹の中にあるのだとか、昔から多くの哲学者ほかの人たちによってさまざまな案が出されてきた。

デカルトは脳内下部にある〝松ぼっくり〟に形が似た「松果体《しょうかたい》」に心が宿ると考え、それが動物たちの持たない心の働き、言い換えれば、精神を生み出すのだと考えた。デカルトは、心を身体から独立したものだと考えたが、その働きを生み出す実体の存在を、彼も想定したのであった。

私たちはいろいろな雑念というか、一つに定まらない事柄が意識下で生まれては消えていくのを、はっきりと自覚はしないものの知っている。

このような情況を私たちは意識下の状態、つまり無意識の状態にあるのだということも理解している。その中で、時に、それらの一つに急に注意が集中され、思考の対象となり、そこから思考が始まることも、経験から知っている。このように注意が喚起《かんき》された状態を意識（consciousness）と呼んでいる。意識が目覚めたのである。

意識は、今見たように思考を組織的に論理的に組み上げていくための動機を生み出す。そうしてこの動機が確かなものとして始動すれば思考は働き、それが論理の糸でつながれば思考はどんどんと発展していく。

では意識はどこで目覚めるのだろうか。デカルトの言う松果体には、その働きがないことがすでに明らかにされているので、どこかに求めなければならない。

その機能について大胆な仮説を提唱したのが、遺伝情報を伝えるＤＮＡと呼ばれる核酸のらせん構造を解き明かしたフランシス・クリックであった。

『驚くべき仮説（Astonishing Hypothesis）』と題した本の中で、彼は身体の外部から入ってきた刺激を統合して、ある種の判断をする機能が脳内に備わっており、意識が覚醒し、そこから思考が始まるのではないかとの仮説を展開している。

心は脳が生み出すものだというのである。したがって感情は、心の働きを生み出す働きを持っているのだということになる。

先ほど〝身体の外部から入ってきた刺激〟という言い方をしたが、これが反射的に、私たちの身体が応答する働きをもたらし、感情を生み出す。この感情の発現に対し、引き続いて起こる応答が意識を生み出し、時に思考にまで発展する。このような機能はすべて身体内に備わっている神経、つまりニューロンの働きである。感情（emotion）に比べ、高次の応答機能が心で、この存在が思考を生み出すのである。

現在では、脳の機能も場所により応答する機能が異なっており、機能が局在していることが明らかにされている。

しかしながら、これらの局在化した機能は、反射的に応答する役割を果たしているものと考えられ、高次の判断機能はクリックが提唱したように、脳全体の働きが関わってできてくるものにちがいない。

局在化した機能が、それぞれ独自に互いに無関係に働いているのだとしたら、統一した行動などできなくなってしまい、生命として存続することが不可能となってしまうであろう。だからこそ、高次の判断機能が、これら局在する機能を統合すべく存在しているのだと言えよう。

このように、ことばの存在なしには思考は発展しない。ことばこそが、人類を他のすべての動物たちと本質的に異なった存在としているのである。

こうしたことばも含めて、人類の行動パターンが正しく学習していけるために不可欠のニューロンの存在が一九九〇年代半ばに、イタリアのガレーゼたちによって発見されたのは、衝撃的な出来事であった。

生命はなぜ学習するのか――ミラー・ニューロンの驚くべき役割

このニューロンは「ミラー・ニューロン」と呼ばれている。

ミラー（mirror）とは、鏡のことである。このニューロンが鏡と似た働きをするところから、このように命名されたのであろう。このニューロンの存在について、イタリアの研究者たちによる研究論文が書かれたのは一九九六年のことで、私にとっては予期しない出会いであった。

私たちが物事について学ぶにあたって最初に行なうことは、その物事についてなぞってみること、言い換えれば、真似《まね》てみるということであろう。私たち研究者であっても、先人たちの研究論文を勉強して、その内容を理解するに際して必ず行なうことは、この先人たちの思考や研究の進め方などについて類推しながら、できるだけ同じ状況を設定し、彼らの研究内容をなぞりながらたどることである。

これと同じ働きが、他人の行為や発言を前にしながら、脳の中で実際に起こっていることが発見され、特定の脳の部位がその働きに関わっていることが分かったのだ。

他人の行為を見たり、発言を聞いたりしたときに、この部位にあるニューロンが刺激を受けて、見たり聞いたりしていることを、鏡に映したかのように同じようになぞる（脳細胞が活動する）ことからミラー・ニューロンと名づけられたのであった。

このミラー・ニューロンの働きが引き起こす行動は、他人の行為や発言を真似るのであるから、今まで考察してきた言語の体系に照らしてみれば、反射的な行動のしかたであることが分かる。

発言を真似ると言っても、実際に発音までしなくてもよい。ことばを初めて口にする幼児が発する音は、明確な言葉になっていないが、反射的に真似る行為が音となって再現されたのだと言ってよい。このようなわけで、このミラー・ニューロンを、私は〝物真似ニューロン〟と呼んでよいのではないかと考えている。

このような素晴らしい機能が、脳に生得的に備わっているからこそ、私たちは他人の行為や発言を真似ながら学習することができるのであって、この機能のゆえに、言語の学習もできることになる。

この機能こそが、チョムスキーの仮説にみられるような、ことばを話す能力が生得のものだということの根拠として捉《とら》えられるのではないか。言語能力が生得のものだとする彼の仮説は、ミラー・ニューロンのような機能が人間の脳に備わっていることを、独断的にではあったが、見通していたがために提案できたのであろう。

ミラー・ニューロンのようなものが、脳内に存在する理由は何かと問われたら、この機能によって、人間が生きていくための能力が、発現されることになるのだと言ってよいだろう。

最近の研究結果によると、つぐみのような小鳥にも、ミラー・ニューロンが備わっていることが明らかであるから、脳を持った生命種はすべて、このニューロンの働きによって生きていくための手段を学び取ることができるのだと考えてよいのではないか。

私たちが持つような高度の脳機能への道を用意すると考えられるミラー・ニューロンは、その働きをおそらく、その生命体の生涯を通じて維持していくのであろう。そうでなかったら、その生命体における新しい発展は期待しえないからである。知性を持つことへつながる過程を歩ませるのが、このミラー・ニューロンの働きなのである。

細かい仕組みにまで遡ってみたら、心を生み出す機能の根底に、このニューロンの働きが横たわっているということになろう。

第5章

ヒトは〝神〟に代わりうるか
——人類の進化の果てとは

ヒト科ヒトという不思議な存在

この章では、現代物理学の研究成果に立って、物理学者と呼ばれる人々が〝神の手〟を手中に収めたように考えてよいのかといった事柄に焦点を合わせて考えていきたい。その中で、人類がどんな存在なのかについて、私の見るところを語りたい。

人類も動物種の一つで、ヒト科ヒト（Homo Sapiens）という学名を持っていることについては、すでに何回か言及した。

このヒトが他の動物たちと違うところは、生理学の面から見たら、あまり大きな違いはない。特に、獣類とは、その生理機能はほとんど同じである。研究者によっては、ヒトは毛を失った猿だというくらいである。

身体を覆う毛をなぜ失ってしまったのか不思議だが、このような身体となってしまったがために、寒さに対処する工夫を学び取り、地球上のいろいろな場所に移り住むことができたのであろう。

獣類の成長を胎児の段階から見ると、人類はむしろ幼児化したのだと言えそうだが、その結果、人類の住処《すみか》は熱帯から寒帯と、極域を除いた広い領域へと拡大した。今では極域にさえ、特殊な使命と目的の下に、人類が進出していっている。

だが、前にも触れたように、ヒトという生命種が、他の動物たちと決定的に異なることは、どんな小さなものであってもヒトの集団には、必ずことばの体系（言語体系）が存在しているという事実である。

そうして、いろいろな物や事に名前がつけられており、記号化がなされている。〝物〟については、現実に手元にない場合でも、その記号により当の物についての誤解などが生じない。〝事〟は、目に見えない抽象的なものだが、その概念を確立し、記号化して日々の生活の用に当てている。

言語の体系化が進み、言語を個人の意見や考えを表現するのに使うようになると、その表現に対し、いったん内省を経てから音にして発するようになる。内言語系（I言語系）の創造である。こうしたことは、個人の歩みを見ていても分かることで、成長するにしたがって、この創造された内言語を人間は操れるようになっていく。このようなことは、人類以外の動物種には全然見つからない。ヒトという動物種は、本当にユニークな存在なのである。

このような存在であるために、他人との間のコミュニケーションが、物や事について可能となった。これにより、個人の意思の伝達が可能となり、ヒトの集団内での意思疎通が図られることになった。文化の形成である。

その後、いろいろな道具を作って利用したり、ことばの体系の改良がなされて発展したりして、文明への道が切り拓かれることになった。この過程の中で、人類はその集団の内部で通用する意思表現のための文字の発明がなされた。

この文字は最初に形成されたいくつかの文明の中で、一つとして同じ物のないという事実は、人類の思考や発想のユニークさを感じさせる。

私たち日本人の祖先は、文字の発明はせず漢字を採用したが、ことばの体系はついぞ変わることがなかった。それだけでなく、日本人が固有に持っていた、このことばの体系を書き表わすのに仮名文字を発明したという歴史的事実がある。二つの仮名文字の体系と漢字の併用とが、世界史の上で見てユニークな言語体系を表現の上で確立し、これが日本文化の特異性を際立たせている。

このような文字の体系を持つ日本語の表現形式を、言語の体系としては原始的なもので、みっともないなどと主張するいわゆる「識者」がいるけれども、世界の言語の中でも、これほどに穏やかな感情表現を可能とする言語体系は、多分、日本語だけである。ここに日本人の先人たちの優れた見識を、私は見るのである。

ヒトは、人種（race）と呼ばれるいくつかの集団からなるが、生物学上はただ一つの種《しゅ》（species）である。皮膚や髪、目などの色の違いは、地球上のどこに住居を定め、進化の歴史を刻んできたかによって、後天的に形成されたのであって、生物種として違ったものとなって生まれたものではない。

人種の形成は、進化の過程で住環境に主として影響されてなされてきたのである。それほどに、人類の進化も環境に強く依存しているということである。こうした融通性のあったことが、どんな環境にも適応できる生命種に人類を築きあげたのであろう。

人類が創造した文明は、一万年にも満たない短い時間の中で、科学と技術に拠《よ》って立つ道を切り拓いた。二十世紀に作り上げられた現代物理学は、科学と呼ばれるあらゆる学問分野の研究に適用され、技術への応用は文明のパターンを大きく変えてしまっている。

しかし、そうした発展の一方で、こんなユニークな生命種にも、いくつかの欠陥というか難点があることを忘れてはならない。

ヒトという生命に見る設計の誤り

生命の進化が、無目的でランダムに進むことについては、前に触れた。

しかし、この地球上に生息する多種多様な形態や生理機能を持つ生命種を眺めたとき、これらの形態や機能が合理的に、しかもまるで何らかの目的を持って進化してきたのではないかと考えたくなる。

生命に進化を引き起こす過程は、まったくランダムに進む偶然の積み重ねが蓄積されて、現在見られるような生命種が形成されてきたのであるから、これらの生命種の形態や機能がすべて合理的であるとは言えないにちがいない。人類も例外ではないであろう。

生命形態としての設計の誤りの一つは、まず目の解剖学的な構造に関わるものである。網膜《もうまく》の構造を見ると、レンズを通して入ってきた光は、いっぱいに張り巡らされた神経と血管の隙間を通過して、二つの視細胞に届くようになっている。

目に入ってきた光は、いわば二重に張られた暗幕を通して、光がそれに感じ応答する視細胞である、錐体《すいたい》細胞と桿体《かんたい》細胞の二つに届き、網膜に張り巡らされた神経を通じて、脳内に送られる。

錐体細胞は、光の三原色である赤、青、緑の色を感じる三種の視細胞からなり、桿体細胞は光の明暗を感じる視細胞である。これらの視細胞は、脳内に光の信号を送る視神経につながっている。

人間の目の構造にみる「設計の誤り」

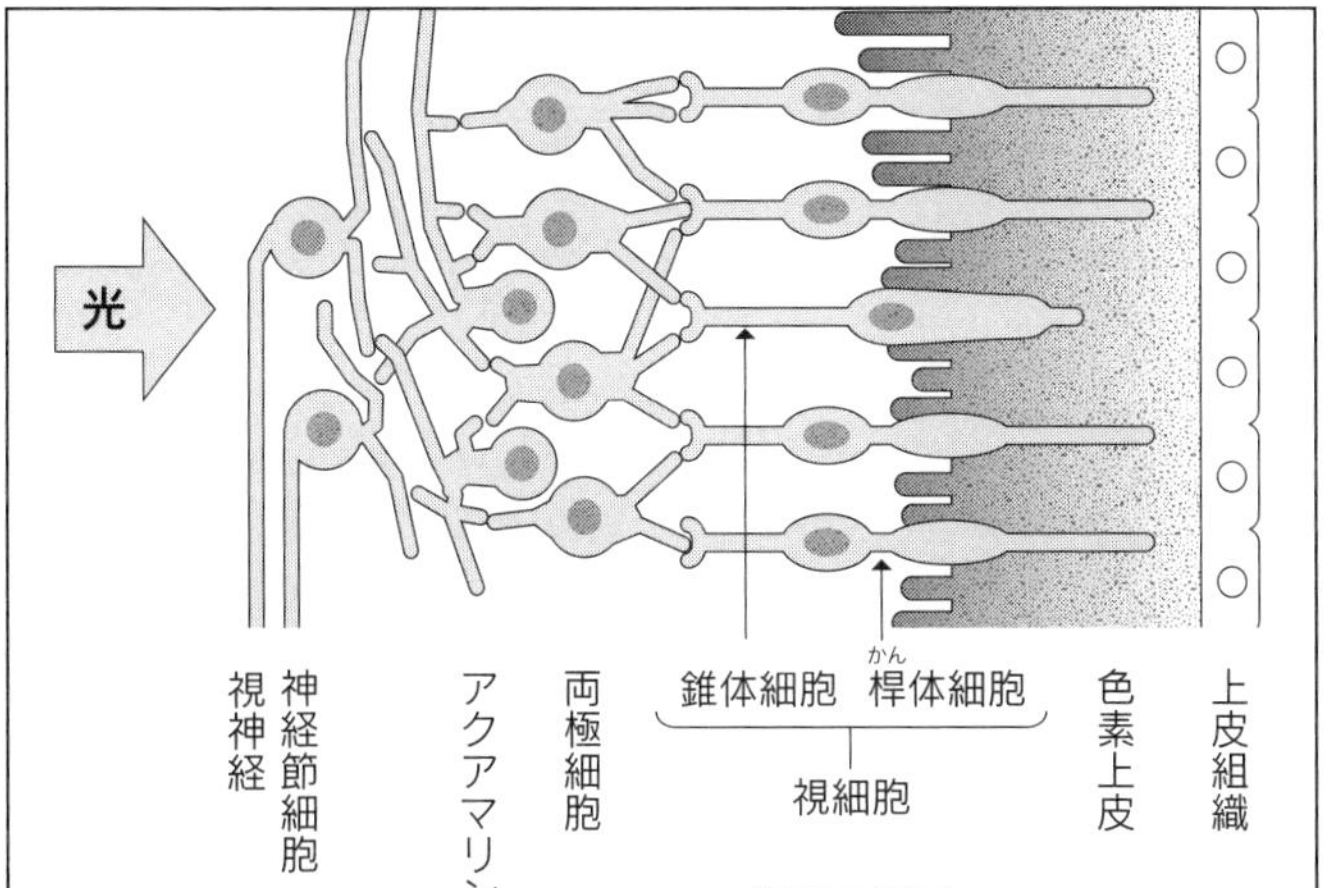

網膜の断面

光は、網膜に張り巡らされた神経や血管を通って、光を感じる細胞である視細胞に届く。もし、視細胞が神経や血管の前にあれば、光の感度はもっとよくなっていただろう。

これらの神経をまとめて脳へ送り込むために、これら神経が集中しているのが盲点で、そこは見ることができない。

私たちの目の構造は、こんな奇妙な設計からなっている。血管と神経を、二つの視細胞の後ろ側に来るように目の構造がなっていたら、光を捉える感度がはるかによくなっていたにちがいない。このような構造になってしまったのは、人間の生理機能に視覚が作られていく進化の過程における誤りなのだと言ってよいであろう。

もう一つ設計上の失敗だと考えられるものを挙げるとすれば、呼吸器系に関わる機能である。これは飲んだり食べたりする機能と密接に関わるのだが、食道を飲食物が通っているときに私たちは呼吸ができないし、呼吸しているときには食べたりする機能を働かすことができない。

咽頭部にある器官の弁が、私たちの行為のどちらかを選択するために、それを開いたり閉じたりして、呼吸と飲食を巧《たく》みに誤りなくさせてくれている。だが、時には間違いを仕出かして、むせるという突発現象が起こることもある。

この弁が備わっているために、風邪をひいて鼻が詰まり、鼻による呼吸ができないときにも口で息ができるので、生命活動に大きな障害は起こらないようになっている。

たとえば、冬では冷たい空気を吸わなければならない。鼻の中を冷気が通過するときには、それを温めるために鼻水が出る。この鼻水によって気道が詰まり、結果として口で息をするようになる。このようにして、両方の器官を使うことで、私たちは生存のための自己制御ができるようになるというわけである。

さらに、ことばを発している時には、食べたり飲んだりすることはできない。これも欠陥であると言える。

生命という存在は不思議なもので、生存のためにはいろいろな代替方式を発明して、長い進化の歴史を刻んできたことが分かる。

目の機能や喉の構造における設計の誤りは、進化を動機づける変異がランダムに無目的に起こったことにより生じたもので、多分、どの生命種も、こうした誤りを克服しながら、今日まで生きながらえてきたのであろう。

進化の過程には、目的がなく変異はランダムに起こるのだが、その中で生命の存続に通じていたものだけが固定され、そのあとで遺伝子に組み込まれて、次代へと引き継がれていく。このような進化過程を進化の中立説と呼ぶが、これは我が国の木村資生《きむらもとお》という遺伝学者のアイデアである。

それにしても、進化が合理的に進むものではないことから、進化には非常に長い時間が必要とされることが分かる。長い時間の中で、時には、生命にとって不都合な方向への変異が生じるのは致し方ないことなのであろう。

このような過程の中で、全然意識することがないままに脳の知性面での進化が急激に起こり、その進化に仲間同士における交流に大切な役割を果たす道徳や倫理の確立が追いつかず、それが現代にまで存続しているのである。

ヒトは〝神〟の役割を演じられるのか

この宇宙に存在する物質の構造を決める基本的な力には、四つのものがあり、それらが強い力、弱い力、電磁力、それに重力からなることを現代物理学はすでに明らかにしている。これらの力の働きを受ける物質の究極構造は三世代からなるクオークとレプトンで、クオークは六種類、これに対応するレプトンも同じく六種類であることが明らかにされている。

先に挙げた四つの力の働きを担うのも極微の粒子であることが示されている。これらの力の強さを決める物理定数と呼ばれる物理量の大きさは決まっており、その大きさは、私たちの周囲に存在する物質を作り出すのに合致している。

この大きさが現在知られている数値と違っていたとしたら、その下での宇宙が現在の宇宙と同じものとなっているかというと、そうはならないことが示されている。

例えば、重力の強さを決める重力定数（G）と呼ばれるものの大きさが、現在私たちが求めて明らかにしている数値よりごくわずかでも大きかったとしたら、太陽の進化する過程が速くなり、すでに太陽は一生を終えてしまっているはずなのである。

だとすると、地球も存在していることなど予想できないから、私たち人類を含む諸生命も、当然のことながら存在しえなかったということになる。

このように四つの力の働きの強さを決めるのに関わる物理定数の大きさが、現在知られているものと、ほんの少し違っていたら、私たちが現在見ている宇宙は存在しないわけで、宇宙の構造だけでなく、この宇宙に存在する物質の様相も予想がつかぬものとなっていたであろう。

宇宙の創造が、その創造直後に起こるとされるインフレーションと呼ばれる急激な大膨張で開始したのだとすると、宇宙の創生は、私たちの存在を包み込んでいる宇宙のほかに、同時に多数の宇宙が誕生した可能性がある。

つまり、単一宇宙（universe）ではなく、多重宇宙（multiverse）の存在が予想されることになる。だが私たちには、この宇宙以外の他の宇宙を覗き見ることは不可能であるから、それがどんなものか想像してみることしかできない。

このようなわけで、私たちが含まれている宇宙は、これらたくさんの宇宙の一つとして、偶然選び取られたものであって、地球と呼ぶ天体が生まれ、その天体に生命が誕生したのも、すべてが偶然のなせる業《わざ》だということになるのかもしれない。

そうだとしたら、この宇宙の創造と進化はまったくの行き当たりばったりに偶然に起こったことであり、万能の神の存在を仮定する必要がなくなってしまう。この宇宙を、現在見るような形に作り上げる〝宇宙のデザイン原理〟など、もともとなかったのだということになろう。

これが正しい推論ならば、宇宙意志と呼ばれるような人智を超越する存在など想定する必要もない。万能の神の存在を仮定する必要もない。神の役割を演ずるのは、地球上でならヒト科ヒトという生命種なのだということになる。

神という存在があったとしても、こうなると、この神が宇宙のデザインを工夫し、今日の姿のようにあらしめたのだということは、私たち人間がそうした至上の存在を希求し、想定したのだということになってしまう。神の存在を虚妄《きよもう》だとするアイデアを提唱する研究者が出てくるのも故無《ゆえな》しとはしないのである。

その上で、このような推論にまで導くのに主導的な役割を演じてきた物理学者は、すべてというわけではないが、万能の神の役割を演じているのだということになろう。

前節で、ヒトは万能の存在ではないことに言及したが、ごく一部の優れた物理学者たちは、宇宙の設計に潜む秘密を解き明かし、ガリレオやニュートンが明らかにしようと試みた、〝神の所業〟を自分たちの手元に引き寄せ、自らの能力で〝宇宙のデザイン原理〟を解き明かしたのだということになろう。

〝宇宙意志〟の存在、これは現在見られるような宇宙の存在に関わった〝神〟と言ってよい存在があることを想定しての造語だが、こうした科学者にとっては、このような存在はなく、多重宇宙の一つが今の私たちが生を営む宇宙で、それが選択されたのは偶然の出来事であったということになる。ヒト科ヒトと分類される生命種が、このような段階にまで、宇宙の理解に迫っているのが現代なのである。

しかし、これだけの素晴らしいことをやり遂げた人類なのに、こういった科学上の成果は、世界に現在生きている六〇億あまりの人々のごく一部にしか知られていない。

だが、世界に影響を与えうる人々、例えば国際政治の面で表に出てくる人々は、現代物理学が生み出した宇宙研究の成果など一顧《いっこ》だにしない。ヘッジファンドなど、小さな国の国家予算などよりはるかに大量の金を動かす事業体は、現在では金融や投資によって、国家よりも強力に世界の動向さえ動かし、操るという危険な動きを見せている。

科学と呼ばれる学問の研究成果は考慮されず、この成果から生み出された技術のみが、国際政治の場で他国への脅威となったり、力を誇示する道具として使われているのが現代という時代なのである。

ヒトはどこへ向かうのか――進化の果ては

現代物理学は、宇宙に生起する諸現象の研究に適用されてきた。それにより、神の所業と想定された宇宙の創造と進化について解き明かし、〝宇宙のデザイン原理〟とも言える事柄を見出すことに成功したのだと、数はそれほど多くはないが、現代を生きる物理学者たちによって考えられている。

その上で、今後なされるべき研究の主な課題は、宇宙の未来はどうなると予想されるかに関するものであろう。実際にすでに、この宇宙の一〇〇〇億年後の姿が、どのようなものになるかについて推測した研究結果すら公表されている。

このように、未来に関わる方面でも、研究者は神の所業とも言えることを、すでに現実に演じている。ただ世界に住む人々の大部分に、こうした事柄が知られていないだけなのである。残念だが、これが現実の状況である。

先に、この宇宙の一〇〇〇億年後の姿について予想されていると述べたが、そのような研究の中では、ヒトの未来の姿、あるいは文明の様式がどんなものとなっているかについては何の言及もなされていない。

人間が関わった事柄についての未来予測は難しく、ほとんど不可能だと言ってよいからであろう。人間をめぐるいろいろな技術の発展については、ほとんど予測することができないからである。

現在著しく進展しつつある遺伝子の組み換えや、制御による人間自身の作り替えに関わった事業は、今後も今まで同様か、あるいはそれ以上の努力を払って続けられていくであろう。

人類は、自分たちの手で自分たちの作り替えに、一つの事業として取り掛かっており、この勢いは今後、加速していきそうである。すなわち人類は、自分たちの進化を人為的に進める事業に乗り出してしまっているのである。この事業における危険性は、特異能力を持つ〝超人〟を生み出す可能性の存在である。

人類は、二十世紀における現代物理学の建設により、自然現象のほとんどすべての成り立ちについて解き明かすことを可能とした。人類は〝神の手〟とも言えるものをついに手中に収め、現在も神の所業と目されていた、この宇宙の統一的な描像《びょうぞう》を説明する理論の研究へと突き進んでいる。

この理論については困難な点が現在でも数多く、障壁となっているが、これもやがて克服されてしまい、統一理論の夢が叶うのではないかと予想する理論物理学者もいる。

人類は文明を築き、その発展の中で世代を通じて伝えられる遺産となるものを、たくさん作り上げてきた。こうした過程は〝社会遺伝〟と呼ばれ、一般的にはこれが伝統と呼ばれるようになっている。科学研究の成果も、科学者社会の枠の中で、やはり同じように伝統として伝えられていく理論と研究方法を作り上げてきた。

進化の行く末については、明確な見通しは現在のところまだ立てられていないけれども、人類が〝神の所業〟まで手に入れたのだと慢心するようなことがあったら、恐ろしい未来が到来することになろう。

第6章

宇宙の意志が語りかけること
——私たちに宇宙創造の秘密が解けるか

驚くほど単純な宇宙の原理

私たちが生かされているこの宇宙の構造を決めているのは、基本粒子であるクォークやレプトンから、この自然界を作っている物質を創造する四つの力の働きである。

これらの力はすでに述べたように強い力、弱い力、電磁力、それに重力で、これらの力の働きを担う基本粒子がそれぞれ存在する。

強い力には色価（カラー価）と呼ばれる物理量を持つグルオンと名づけられた八種の粒子が、弱い力にはウィーク・ボソンと名づけられた三種の粒子が、電磁力には光子が、そうして重力には重力子（グラビトン）が、力の働きを担っている。

クォークとレプトンは三世代にわたる存在が明らかにされており、それぞれの世代は二種のクォークと同じく二種のレプトンからなるので、クォークの総数は六個、レプトンの総数も同じく六個である。

私たちの周囲に広がるこの宇宙を構成するのに関わっている基本粒子は、今述べたように予想外に少なく、こんなに少ない数で、極微の世界から星々や銀河、それに宇宙のような極大の世界まで形作ってしまうのは驚きである。

元素の数も意外と少ない。

人工的な元素を除いたこの地球に自然に存在する元素の数も九二種で、一〇〇に満たないのだが、これだけの元素で地球の中心から表面、それに大気を構成する物質すべてを作り上げてしまっている。例えば酸素を作る原子は陽子、中性子ともに八個ずつからなるのが最もありふれており、その他に中性子が九個のものと、一〇個のものとがあり、これらは同位体《どういたい》と呼ばれている。

中性子は電気的に中性、つまり電荷を持たないので、元素としての性質を作り出すのは、正電荷を持つ陽子である。陽子に対応する電子は負電荷を持ち、この宇宙は陽子が作り出す正電荷と電子による負電荷が、それぞれ同数なので中和されており、私たちは電磁力の働きを自然界の中で感じないのである。

エレクトロニクスや電力を利用する工業などでは、これら正負の電荷を分離して、電気的な力の働きを作り出して利用している。この電気力の働きは、重力の働きに比べて10^{40}倍、言い換えれば四〇桁も大きく、重力の働きが異常に弱いのである。

強い力は、電磁力の約一〇〇倍、弱い力は電磁力の約一〇〇分の一倍と、これら三つの力は互いに大きさに大した違いがないので、これら三つの力と重力とは、力の働き方が本質的に違うものと考えられている。

このようにクォークとレプトンからなる基本粒子と、これらの粒子をいろいろな形に組み上げて自然界を形成する物質を作り出す働きを示す四つの力とが、物理学研究により明らかにされてきた。

これらの基本粒子と四つの力の働きが、大は宇宙そのものから、星々の集団である銀河と星々、私たち人類を含めた諸生命、そして原子や分子、さらにもう一段と小さな世界を形成する陽子や中性子、これらの集合体である原子核、さらに元素など極微の世界に見られる物質まで、私たちの周囲に広がる森羅万象を作り上げているのである。

〝宇宙の人間原理〟とは

こうした成果に拠《よ》って立って見ると、この自然界においては、私たち人類を含む諸生命までも、これらの宇宙を構成する物質の基本的な性質によって、その本質が規定されてしまっていることが明らかである。

すなわち、あらゆる生命を含めてヒト科ヒト（Homo Sapiens）も必然的に生み出すことができるように、この自然界の構造はなっている。

したがって、この宇宙は、人間という存在を生み出すことができるように進化してきたのだとの推論を許容することになる。こうした人間中心主義的な宇宙の進化に対する解釈のしかたというかアイデアというか、そうした思想が〝宇宙の人間原理（Cosmological Anthropic Principle）〟と名づけられるものである。

この立場を、もっと広く考えるならば、宇宙の成り立ちを理解しうる知的生命の存在を可能とするように宇宙は進化してきたのだということになる。

このようなアイデアは、独自の重力理論を展開したプリンストン大学の物理学教授ロバート・ディッキーによって、まず提唱された。後に、イギリス、ケンブリッジ大学のブランドン・カーターによっても、少し形を変えて述べられた。

両者の違いは、人間のような知的生命を必然的に生み出す可能性を宇宙の進化が用意したのか、それとも必然的にこうした生命を作り出したのかという点にあるだけで、その強調する力点の置き所が少し異なっているだけである。前者は〝弱い人間原理〟、後者は〝強い人間原理〟と時に区別して呼ばれることがある。

私たちが今日見る宇宙とその中で繰り広げられる、無限とも考えられるような多種多様な自然現象は、これら四つの力とクォークやレプトンといった基本粒子群との相互作用を通じて形成されている。

これら四つの力の強さに関わる物理定数があり、これらの定数の大きさが私たちが現在知っているものと、ごくわずかでも違っていたら、私たちの周囲に広がる自然界の姿は大きく異なっていたか、そもそも、私たちを含む生命の存在がありえなかったにちがいない。

どのような原因によって、これらの四つの力の強さを決める物理定数が決まったのか、研究者としては知りたいところである。

しかしながら、この疑問に対し解答を与えてくれるであろう手がかりは何もない。強《し》いて答えを出そうとすれば、宇宙の創造に際し、現在の私たちが研究から知りえた宇宙が形成されるように、先に述べた四つの物理定数やクォークとレプトンの持つ、いくつかの物理量とが決められたのだという以外には、答えようがない。

このような考え方から、宇宙に意志の存在を容認し、これにより宇宙の姿が現在見られるようなものとなったのだと説明されることになる。宇宙の人間原理というアイデアも、このような説明の試みの中から生まれてきた。

宇宙の人間原理と記すと、原理という言い方がされているので、この原理を物理学から証明できるのかという疑問が出てくるのは否めない。しかし、現実に私たちが知る宇宙は、四つの力の大きさを決める物理量と、クォークやレプトンの質量、スピンなどの物理量が、現在知られているものとなっていることから必然的に形成されるのだという推論に導かれる。

したがって、この宇宙は必然的な運命の下に形成されたのだと言ってもよい。このような推論が可能なことから、原理という表現が用いられたのであって、宇宙の人間原理は、私たち研究者による要請の下に生まれたのである。偶然ではなく、必然であったと考えられることが重要なのである。

「宇宙の意志」は何を表わすか

現在知られている陽子や電子の質量から始まって、物質間の力の働きの強さを決める重力定数などの物理量が、こうしたいわば無限の可能性の中から選び取られたのには、何か特別な理由があるのだろうか。

先に見た人間原理の立場によるならば、必然性をこの選び方に見る。そうして、これが宇宙自体が選択した結果なのだ、ということになる。

必然性を見るのだから、現在のこの宇宙の姿が、偶然に選び取られた結果だという考え方には与《くみ》しない。だとすると、宇宙の創造に当たって、最初にしっかりとした目的があり、その後の進化が今日見るような姿を創出するように何らかの〝見えざる力〟が働いたのだという言い方も許されるであろう。

ここに、「宇宙の意志」を私たちは見ることになる。もちろん、この〝意志〟を現実に見ようとしても見えるものではないことは言うまでもない。

偶然か必然かといった場合に、どちらだと決められるような手がかりとなる理論、あるいは実験または観測からの証拠が、私たちには今のところ見つけられていない。

理論は、今日見られる宇宙の姿を説明できなければならないから、この説明が可能な内容を持つものとして建設されなければならない。現実に観測から知られる宇宙の姿が、ある種の法則性を持つものとして、原理的に説明されなければならないからである。こうなると、偶然か必然かといったことはあまり大きな意味はなく、この宇宙の創造とその後の進化はなるべくしてなったのだということになろう。

したがって、私たち研究者がなすべきことは、この〝なるべくしてなった〟宇宙の背景に、そのために何らかの理由が、考えられるかについて研究し、もしあるなら、その理由を明らかにすることである。

そして、その明らかにされた理由について、それは宇宙の意志なのだとか、宇宙に必然的に備わっている進化のための駆動力なのだといった表現がなされることであろう。

私たち人類も、この自然界の中の存在であるから、物理定数によって、その働きがすべて決められており、その制約の中で、生命を与えられた存在となっている。前にたびたび触れた〝宇宙のデザイン原理〟が、この宇宙という大自然の形成をもたらしたのだと言ってもよいのである。

先にも述べたように、現在、私たちの住むこの宇宙の他にも宇宙が存在しているとする多重宇宙（multiverse）というアイデアが想定されている。実際に、他の宇宙の存在を私たちには検証する手段がないが、理論からの可能性が否定できない以上、この私たちが存在を許されている宇宙は、私たちの存在を受容するように創生されたのだということになる。

実際に、この宇宙の成り立ちを、詳しく立ち入って見れば見るほど、巧《うま》く作られていると感じないではいられない。

だが、私たちの周囲に広がるこの自然界について、その不思議や精巧さについて知り、畏敬の念を抱いている人が、人類六〇億余りのうち、ごく少数でしかないという現実が大変に残念である。

この地球上に住む大部分の人が、この不思議と精巧さについて学び知ることができたとしたら、現在、私たちの周囲で起こっているいろいろな不幸なできごとの大部分はなくなってしまうことであろう。

私たちが、この宇宙の中で生かされていることを知ることで初めて、生きるということの意味がどんなものか体得できるし、自分たちの人生を大切なものと気づくことになり、それが地球の未来の姿を変えていくことにつながるからである。

私たち一人ひとりは、自分が選び取って、今ここに生かされている存在ではない。誰もが知っているように、自分の存在について意識したときには、すでにこの世にいたのである。私はこの今という時に生きているのを、いつも不思議に感じ、自らがこの大宇宙に抱かれている存在なのだということを、常に感じている。

そうして、遥か彼方から届くいろいろな宇宙のメッセージをわが手に摑《つか》みとり、微力ながら、なぜ、このような宇宙が形成されてきたのかについて、少しでも解き明かすのに有用な仕事をしたいと望んで、日々を送ってきた。

そこに私は「宇宙の意志」を感じるのである。

知性と倫理のはざま

人類が文明を築き、それが発展するようになったあとは、加速度的に文明は進み、わずか五〇〇〇年ほどの間に、今日見られるような〝技術の文明〟を作り出した。

自らを知的生命であると考える人類は、「知的」とはいうものの、その生命が道徳的、倫理的になる必然性を伴う存在ではなかった。

道徳や倫理は、人類が社会を作り、その安定と発展を求めていく中で、人と人との間の約束事として、その規範となるように定められてきた。人間社会内の一種の契約とされた事柄が道徳であり、倫理なのである。ある程度の余裕が、生きていく過程の中に生まれて初めて、こうした契約が社会に、あるいは国家間においてなされるようになった。

知性は、生命として生き延びるために、頭脳の発達とともに獲得されたことにあるけれど、これはあくまでも生存の継続自体と、生命種として追求することに目的があった。

人間も、他の動物たちと同様に、個人同士の間の身体的、あるいは知的の面から見た競争に曝《さら》されている。こうした競争をできるだけ穏やかに表立って見えないように抑制する機構が、コミュニティーが課す道徳や倫理の規範である。したがって、これらの規範は後天的なもので、人の持つ知性には本来含まれてはいない。これらはコミュニティーが強制して、人々に理解させ持たせるものだからである。

ヒト科ヒト（Homo Sapiens）が、心を持つことができるように進化したのが、歴史的に見て必然であったとしても、そこには、先に述べたような道徳や倫理に対する規範を、一人ひとりの心が生み出す必然性は全然存在しなかった。

言い方を換えれば、人類は現在見られるような姿のものに進化せざるをえなかったということになる。

人間一人ひとりが知性を持ってしまったがために、自分たちの発言や行動を正当化するための理由は、いくらでも考え出すことができ、時には力ずくの強権を発動して、その当事者となった相手を押さえ込んでしまうことすら、あえてすることになってしまう。知性は理性（intellect）であることを保証してはくれないのである。

この点で、いまだに人類は、ある種の野蛮な状態に、心の働きが止まったままなのだと言えよう。

宇宙は進化していくからこそ、生命という物質の様式の存在を可能としたのである。だが生命もまだ発展途上の存在で、理性を持ち、道徳性および倫理性を獲得したものとなりえていないのが現在の姿である。

とはいうものの、こうした道徳や理性に関わった事柄について理解し、いかにすべきかについて思考のできる生命は、この地球上ではヒト科ヒト（Homo Sapiens）だけだということを、私たち一人ひとりが心して、今後の文明の発展について考えていかなければならない。

しかしながら、国内外で起こっている人間が関わったいろいろな事件を見ても、また政治や経済の動向と、それに対する施策を見ても、〝エゴ〟と形容されるような出来事があまりにも多いのが分かる。

〝人類みな兄弟だ〟などという掛け声は、あちこちで聞かれているけれども、地球全体が一つの生存圏なのだという自覚とそのための理解が全然できていない。この点では、人類自身が現在でも発展途上にあるのだと言えよう。

理性に基づいた行動の規範を、人類はいまだに見つけておらず、人類の未来にとって不吉ともいうべき予測を述べるならば、このままでは文明が滅び去るだけでなく、遠い未来の生存すら難しいことになるのかもしれない。

日本における物理学教育の問題点

我が国では、物理学という学問は難解で、近寄りがたいと考えられ、学ぶのを避けているように感じられる面がある。中学、高校に学ぶ生徒たちの理科嫌い、理科離れと言われる動向の中で、特に物理嫌いが著しい。

このような傾向を助長しているのが、高校課程の物理学の教科書の中身である。現行の物理学の教科書を見ると、物理現象は数式により表現されなければならないかのように感じられる。

京都大学理学部に学んでいた当時、私がしばしば聞かされたのは、物理学の研究では数学的な理論を作ることができなければ意味がないとか、数式が出てこないような論文など、学問的にほとんど意味がないといった先輩たちの言動であった。

数学に対し、中学時代に劣等感を植え付けられた私は理学部に学びながら、このような言動に悩まされた。

そもそも我が国における物理学の受容を振り返ってみると、近代化へ向けて胎動を始めた国家にあって、理数系の学問の重要性に当時の政治家たちが気づかされたからこそ、東京大学も京都大学もともに創設されたときに、理工学部の開設が含まれたのであった。

どちらの大学も国立の帝国大学であり、前者は一八七六年（明治九年）に、後者は一八九七年（明治三十年）に創設されたのだが、創設に関わった人々に、科学と呼ばれる学問の本質が正しく理解されていたかというと、少々疑問が残る。

理学と工学を混同しているように窺《うかが》われるのはもちろんだが、科学という学問がヨーロッパでどのように形成されてきたのか、その歴史について全然顧みられることがなかったように見えるからである。

東京大学に〝お雇い外国人〟教授として、医学教育に当たったベルツが厳しく批判しているように、科学を単なる知識の集積と見誤り、この学問を成り立たせている思想や、科学を築いてきた人々の考え方や物の見方について深く学び、考えることをないがしろにしてしまったのであった。こうした悪しき知的伝統は、現代にまで受け継がれているように、私には見えてならないのである。

我が国における物理学に対する中等および高等両教育が、数理物理学的な傾向を強く帯びていることは、ベルツの指摘と無関係ではない。

物理学の研究に数学が大切な役割を果たすことは、ガリレオが指摘しているように、物理現象の数学を用いた表現が厳密性を与え、当の現象の法則性を保証してくれるのは当然のことである。

だが、物理学と数学は異なった学問で、その目的とするところは完全に違うのだということを、私たちは忘れてはならない。先に見たように、物理学にとって数学は物理現象の表現のための道具なのである。

こんなことを長々と記したのは、今の世の中でもこの点に誤解があるように見えるからである。例えば、我が国の〝高校物理〟の教科書を、どこの出版社のものでもよいから中身を見ていただきたい。

物理現象の本質とそれを解き明かす科学者たちが、どんな努力を払ったかといった事柄にはほとんど触れないで、数学的表現に入ってしまっているのである。いまだベルツが厳しく批判したことから脱却できていないのである。

では外国における事情はどうかというと、高校や大学用の教科書（text book）の内容でまず感じられるのは、その厚さである。なぜならば、物理現象の記述が丁寧に定性的になされているからだ。

つまり、アメリカの教科書では、数式による表現に主眼が置かれていないことが分かる。順々に丁寧に理解しながら読み進めていけば、物理現象の本質にまで立ち入って学ぶことができ、それがいかに数式による表現と結びつくのかが分かるように、説明の努力がなされている。

私がアメリカで働いていた頃のことだが、日本から勉強のためにアメリカに来た若い人たちの中に、「日本における大学用の教科書のほうが、ずっと程度が高い。アメリカの学生の知的水準が低いのだろう」と言っていた大学院生がいた。また別の大学院生が、学部教育では日本の物理学教科書の程度がずっと高いのに、大学院での勉強では日本から来ている学生がアメリカの大学院生に太刀打ちできないのはどうしてか、と言っていたことも私の記憶に残っている。

現代物理学と呼ばれる二十世紀に成立した学問が成功したがために、こうした誤解が物理学者の多くに生じてしまったのではないだろうか。

この学問の内容表現には数学理論を援用しないでは、正確を期すことのできないものが大部分であることを、私も理解しているつもりである。だが、そうだからと言って物理現象を数式に頼ることなく、その本質について説明することを怠ってよいということにはならない。

現代物理学が陥ってしまった罠《わな》

道徳と倫理に対する、人間として守るべき規制が、現在、社会のいろいろな階層の中で失われてしまっている。科学者という職業に就いている人たちも、例外ではない。実験データの捏造《ねつぞう》などの行為は、国の内外のいろいろな分野において見られる。

科学のいろいろな分野においてなされる、こうした倫理にもとるような科学者たちによる悪行は、これらの人たちに倫理観が欠けていたがために起こったのだが、こうした所業に駆り立てる動機はどこから来たと考えられるだろうか。

人間一人ひとりが、この世の中で勝ち残っていくためには、同業の仲間たちの上に立たなければならない。科学研究の世界では、このことは、ある個人が他の同業のすべての人々に対し、先んじた研究成果を上げ、自分が先行者（top runner）であることを見せつけなければならない。この競争の過程の中には、道徳や倫理が入り込む余地などない。

我が国で、物理学者という存在が第二次大戦後、科学者の中で特に注目を浴びるようになったのは、湯川秀樹、朝永振一郎《ともながしんいちろう》というノーベル物理学賞受賞者を生んだ理論物理学における成功に預かるところが大きいであろう。

理論物理学から遠く離れた物理学の一分野について勉強していた私も、理論物理学を専攻する学生仲間を羨望の念で眺めていたのを、今でも覚えている。

私の学生時代、理論物理学者として有名なある学者が、理論物理学者は時代の先行きを見通すことのできる先覚者なのだといった発言をしており、それを私たち学生の多くは真に受けていた。

このような、いわば思い上がった物理学者が、現在では我が国にいるとは考えたくないが、物理学者の間に知的レベルで見たある種の階層が存在しているように見えるところがある。

我が国と似た状況は、アメリカにもある。

一九七〇年代の前半、まだアメリカのNASAゴダード宇宙飛行センターで、私が研究に従事していたときに、忘れられない経験をした。

毎週金曜日の午後四時から開かれるゴダード・コロッキウムで、あるとき統計物理学と物理学史における研究で有名なスティーヴン・ブラッシュが、科学史上の話題をいくつか取り上げて講演したのだが、その中で、アメリカの物理学界にも研究者たちの間にある種の階層化ができていることを指摘した。

彼はそのとき、ここのセンターには、理論物理学者と言ってよい人がいないから触れるのだと断ったあと、こう呼ばれる人たちは、自分たちが知的に優れたエリートだと自らを見なし、そのように振る舞うのだというふうに言い切ったのであった。聴衆の間に大爆笑が起こったのを、私は今でも鮮明に思い出すことができる。

たしかに、人間の中には、物理学という学問に限ってみても、すごく優秀な人と、そうでない人、物理学について全然理解できない人と、多種多様な人がいる。その中で、物理学という学問の世界で、理論物理学を専攻する人たちが、知的に見て特別の存在なのだという結論を下すのには、私はいささか躊躇《ちゅうちょ》する。

もしかしたら、物理学という学問の中のごく一部の狭い分野についてだけ深い理解力を示し、その方面に対してだけ進歩への寄与をしたにすぎないという例も、あるのではないだろうかという疑問があるからである。

こういう人は、専門家（specialist）ではあるかもしれないが、全能、あるいは万能とでも呼べるような科学者とは言えない。逆に、このごく狭い分野に関わった事柄以外については関心を示さないし、何か貢献できるような能力も示せない偏った人間である可能性がある。

こういう人たちが、どんな方面の事柄についてもすべて分かっているかのように、しゃしゃり出てきて発言する危険性については、二十世紀の前半にスペインの哲学者オルテガが『大衆の反逆（the Revolt of the Masses）』の中ですでに述べている。我が国では、オルテガが指摘したような状況が科学界の中に見られるようになったのは、この本が出版されてから二〇年あまり経ってからのことであった。

わが国の物理学者にもかつて、先見の明を持った物理学者に政治家も経済学者も従うべきというような発言があった。

しかし、現代物理学が成功したがために、物理学者が社会の指導者として、また牽引者として自らを位置づけようと試み、物理学以外の領域にまで踏み込んで発言したりするのは、誤解も甚《はなは》だしいと言うべきなのである。

ここに、現代物理学が陥ってしまった罠があるように、私には感じられてならない。理論物理学研究に従事する人々が、自分たちを社会のエリートと見なし、この世の動向を〝正しい〟方向に導く者たちなのだと、〝神〟に代わりうるかのような言動と振舞いをするのだとしたら、将来に禍《わざわい》の種子を播《ま》くだけのことであろう。

ヒトは自らを知性を持つ生命に擬したけれども、欠点だらけの存在であることを自覚しなければならない。人間は誰しも謙虚な存在でなければならないのである。

ヒト科ヒトは万能の存在ではない

しかしながら、ごく最近になって予想もせぬ分野から、ヒトが万能へいたる道が見えてきたと論ずる人たちが現われている。

というのは、人為的に遺伝子を組み替えて、いわゆる〝超人（super human）〟を作れるのではないかとする未来予想が語られるようになってきているのだ。人間改造を試み、神にも似た人間を作り出せるかもしれないというのである。

だとしたら、この試みに参加する人たちは神の所業にも似たことを、科学者でありながら行なうのだということになろう。〝神を演ずる〟ことに、このような人たちはなるというわけである。現代は、このような時代となりつつある。

すでに家畜や農作物に対しては、遺伝子組換えの技術を応用して、自然の状態のままでは決して生まれることがなかったであろう生命が作られつつある。ここでも、生命倫理に関わる問題が生まれつつある。

現在では、世界各国の研究者たちが、この方面の研究における倫理に関わる問題を取り上げ、規制する動きが生まれている。だが、研究者による自己規制が完全に機能するという保証はない。人間には知性が与えられているけれど、高度な理性に基づく判断力は、人々が一種の契約概念の下に築き上げた社会からの制約があって初めて、機能するものだからである。こんなところから、研究において実験データを捏造したりする、非倫理的な行為をする研究者が出てくるのである。

研究者が自分をその分野におけるエリートであると感じていたとしたら、〝神〟を演ずることへの衝動を断ち切ることは不可能かもしれない。自分の存在を客観的に能力その他について評価し、自制するというのは誰にとっても大変に難しいことなのである。

統一理論への夢が描け、その実現が近いのではないかと多くの物理学者によって予想されたとき、彼らも〝神〟の役割を果たすことができるかもしれないとの希望を抱くのにちがいない。

実際、宇宙の創造とその後の進化について、ほぼ正しいと推測される研究成果が得られている今日、宇宙物理学の先端的な研究に従事する人々は〝神の所業〟とも言える事柄を明らかにしてしまっているという現実があるので、〝超人〟への幻想が抱かれるという事態も生まれる可能性がある。

だが、自分の弱点や短所を、研究の最先端に立っている人間でも見抜けない。ヒト科ヒトという生命種は万能ではないのである。もし万能だというのなら、いつか科学という学問の研究には終焉《しゅうえん》があるということになろう。

ヒトと神との決定的な違いとは

十九世紀末、当時の物理学者の多くは自らの研究する物理学について、ほぼ完成の域に近づいたと考えていた。当時を代表する物理学者であったケルビン卿（ウィリアム・トムソン）は、物理学は二つの黒い雲（black clouds）を残して完成されてしまったと言ったが、真実そう考えていたにちがいない。

すでに述べたことだが、この二つの暗雲が量子論と相対論によって解決され、ここから現代物理学への道が拓かれた。量子も相対性原理も、新しく記号化された物理学用語で、現代物理学を象徴する輝かしい成果であった。

現代物理学を学生時代に学んだ私だが、一九五〇年代前半には、プラズマ物理学と後に呼ばれることになった学問はまだ成立していなかった。宇宙空間物理学（Space Physics）と呼ばれる学問もなかった。これら学問の成立を、私は身をもって体験し、その中でこれらの学問分野に対し、その進歩に寄与できるような仕事が幸運にもできたというわけである。

これらの学問もできあがってしまえば、この学問が研究領域とする分野にとっては、まったく当たり前の存在で、現在では誰も何の不思議も感じないで、これらの分野について学び、研究者となっていく。

このような二十世紀における現代物理学の進歩に伴い、その記述に必要不可欠な用語や記号が相次いで作られてきた。

十九世紀の物理学には、中性子やニュートリノという用語も、クオークまたはレプトンという用語もなかった。

現代に生きる私たちにとっては、当然であるこれらの用語だが、ケルビン卿が今生き返ったと仮定して、彼に説明したとしても、多分ほとんど理解できないであろう。物理学の進歩が、人々の理解力を大きく変えてしまっているのである。

このような新たな概念を導入しながら、物理学者たちは、この学問の本質や内容に、時代とともに大きな変革をもたらしていっている。

だからといって、物理学の内容がどんなものでもよいということを意味するわけではない。自然現象について研究する科学は、いろいろな事実も理論や解釈もすべてが、それが正しいかどうか、実験や観察（観測も含めて）によって実証できる学問なのである。

そうであるからこそ、科学という学問はどのような分野であっても、その方面の研究者すべてにとって共通に理解され、その妥当性が実験や観察によって互いに確認し合うことが可能なのである。すなわち、その内容に客観性を持つことができる。

こうして、現代物理学により、私たちの周囲に広がる自然界において見られる極微の現象から極大の現象まであらゆることが研究できるようになり、また実証されてきた。ヒトが、神の役割を演ずるかのように振る舞える時代が到来したと言える。

しかし、ヒトと神との決定的な相違は、現代物理学が最終的な学問であるのかどうか私たち人類は知らないことにある。神なら、その答えを持っているであろう。

私たちの無知は現代物理学といえども、基本的に実験や観察に基づく学問であり、こうした実証を常に必要不可欠としていることに関わりがある。逆に、こうした実証を必要とした学問であるからこそ、科学は進歩する学問なのである。

ヒトに与えられた知性の運命

今後も人類には進化の過程が継続するはずであるから、遠い未来の人類がどのようなものになると予測されるかに関連して、知性が今後どうなっていくかについても考えてみなければならない。

これまで見てきたように、宇宙の進化は、ヒト科ヒトという名称を与えられた生命種を生み出しはしたが、これが知性を持つことを必然としていたという証拠はない。進化の過程には、何らかの目的が含まれているわけではないので、ヒトが知性を持ったのは、偶然の蓄積がもたらしたのだということになる。

だが一方で、進化の過程で生じた種々の偶然が、知性を生み出すのに寄与したのだとしたら、私たち人類の祖先が、知性を持った生命種に進化していったのは必然であったとも言えることになる。

人類が知性を獲得したからといって、ただちに彼らが道徳的な存在であったということは意味しない。知性そのものは、道徳的であることも倫理的であることも、人間に求めてはいないからである。

おそらく、太古の時代では、人類は一人ひとりが孤立した存在で、男女ひと組と子供たちとからなる家族という構成があったとしても、家族はそれぞれが孤立しており、社会を作るということではなかったであろう。

家族間に力関係による優劣が生まれ、いくつかの家族の集団が統合された集団となり、これらが独立して存在していたにちがいない。しかし、こうした支配、被支配の関係は長続きせず、社会的なつながりのものとなり、そこから時代が下ると、国家と呼べるような大きな組織体が生まれたのではないか。

小は小さな集落から、大は国家にいたるまで、人々の集団からなる組織体において、人間関係を機能的に、また円滑に維持するためには、人々の間における約束事ができていなければならない。この約束事が、道徳とか倫理と呼ばれる人々の間を結ぶ規範である。

したがって、道徳や倫理は、人間に本来備わったものではないので、壊れやすいものである。現在でも、国家間の対立、抗争は絶えないし、国家として存在していても、その内部の人々の行動や思想に対し、厳しい制約を課し、少数の特権階級や支配階級を除けば、人々の持てる知性を活用していない国家がある。

人類は、その点でまだ成熟したとは到底言えない。知性を持っているにもかかわらず、理性的・倫理的に行動できる者が少ない現実を顧みれば、人々が相互に信頼し合え、助け合って生涯を豊かに過ごせるようになる時代が到来するのは、はるかに遠い先のことだと予想される。

このようなことが続けば、いずれヒトは自滅の道を歩むしかなくなるだろう。人類の知性はそれを克服するのだろうか？　それとも、宇宙には別の形の知性が存在するのだろうか。

地球以外での知的生命存在の可能性はあるか

宇宙の進化は、ヒトのような知性を持った生命を生み出した。このようないわゆる知的生命体は、現在のところ、この地球上でしか存在が知られていないが、天の川銀河内には、多分、数多く存在していることであろう。

そもそも、この小さな天体である地球上にだけ、このような知的生命体が存在すると考えるのは、あまりに独断的であると考えられる。

地球上において、偶然の積み重なりの結果が必然的に生み出したのが、私たち人類の祖先だとしたら、地球と似た天体で、その物理的条件が生命の存在を許容するものであったとき、生命の進化において、地球と類似の過程をたどるものと推測される。

このような視点に立つと、天の川銀河にも高度の知性を持つ生命は、形態面では異なっていたとしても、かなりの数が存在するものと予想される。

現在、地球人は地球以外の惑星や月の探査を進めており、宇宙空間へと将来、進出するための研究を行なっている。

太陽系の惑星の一つである火星の極地方には氷があるし、木星や土星をめぐるいくつかの衛星も、水を持っている。地球上の生命は、水を不可欠のものとして利用していることから見て、これら太陽系外の惑星のどれかに生命が存在しているかもしれない。また、木星の衛星エウロパにも、生命が存在する可能性が指摘されている。

このような事業を可能としたのは手と脳、それが作り出したさまざまな道具とことば、それから情報交換の手段である。

私たち人類は、ことばを持ち、それを自分と切り離して、ことばの内容を伝える文字を持ち、それが手によって書かれるという技術を生み、その手はさらにいろいろな道具を作り出すのに役立ってきた。だが、知的生命が必ずそうであるとは言えない。

このような特異な生命が、天の川銀河のどこかに、地球人以外にもたくさん存在するかもしれないが、近い将来にどこかの惑星に見つかるだろうか？

現在にいたるまで、地球以外の天体に、生命が存在する証拠は見つかっていないが、この天の川銀河には四〇〇〇億ほどの星があるので、これらの中には、太陽系に似た惑星系を持つものが存在しており、知的生命を持つものがあるかもしれない。

私たち地球人の多くは、地球以外の天体に生命を持つものがあるだろうと考えている し、古代から多くの人々の想像力を刺激してきた。

一九六〇年春から夏にかけて、アメリカ国立電波天文台（NRAO）で初めて、地球外の知的生命（ETI）からの電波を受信する試みが、実施に移された。

天の川銀河空間に広がって分布する水素原子が放射する波長二一センチメートルのマイクロ波帯電波（一四二一メガヘルツ〈MHz〉）の波長域の電波に変調を加え、送信する知的生命がいると想定して、この変調電波を受信しようと試みたのであった。

このような電波を自分たちの存在を知らせるために用いるだろうとは、私たち地球人の思い込みだとして、この試みがなされて以後、しばらくの間はこのような試みは中断されていたが、現在は、カリフォルニア、マウンテンヴューにある地球外生命研究所（SETI Institute）によって連続的に観測がなされている。

ただ、今のところ、地球外の知的生命が見つかる可能性はきわめて小さいと言わざるをえない。

地球を含む太陽系から一番近い星であるケンタウルス座アルファ（α）星までの距離は、約四光年もある。天の川銀河空間の広大さが想像できるであろう。現在までに見つかっている約三〇〇の太陽系外惑星は、このアルファ星よりさらに遠くにちらばって存在する。

さらに、地球の大きさは半径で比べて太陽の約一一〇分の一と小さく、遠くの星から望遠鏡で覗いてみても見えないので、観測するには特殊な技術を用いなければならない。今述べた太陽系外惑星も、すべて特殊な技術により見つけられている。

とはいえ、地球外に知的生命（ＥＴＩ）が存在し、地球人と同じように宇宙の創造と進化について研究しており、同じ結論を導いていたら、知性（intelligence）という資質が、宇宙に普遍的なものなのだということが分かり、人類の存在理由についても、新たな展望が拓かれるであろう。そのような時代が、いつ訪れるのだろうか。

「宇宙の終わり」は何を意味するのか

どんなことにも始まりの時がある。私たちの日常経験の世界のあらゆることに始まりがあり、私たち一人ひとりの生涯にも始まりの時があった。これまで見てきたように、私たちを生かしてくれている宇宙自体にも始まりがあった。

そして、私たちのすべてが知っているように、この自然界に起こるあらゆる現象には終末の時がある。

この宇宙の創造は、先にも記したように、一三七億年を中心に前後に二億年の幅を持つだけの長さの時間だけ遡った時に起こったと、WMAPと呼ばれる宇宙の背景放射を観測するために打ち上げられた科学衛星の測定結果から、現在では推測されている。

長い時間をかけて宇宙は進化し、今から四六億年ほど前には、太陽が誕生した、この天体の惑星の一つである地球に生命が創造されたのは、三五億年前とも、四〇億年前とも言われている。

太陽も、地球も、宇宙の進化の中で、それぞれが進化の歴史を刻んで、現在に至っている。物質の進化の歴史についてみると、宇宙は何もない、いわば〝真空〟からインフレーションという空間の急膨張の過程を経て生まれたのだが、この過程で物質が創造された。

物質はエネルギーから創造されてきたと考えられるのだが、その際、反物質も同じ量だけ創造される。

物質と反物質が出会うと、また元のエネルギーに戻ってしまうことが、理論的に示されているから、現在の物質からなる宇宙が形成されるためには、宇宙の進化の初期に、ごく一部の物質が生き残る何らかの機構が働いていなければならない。

このことは、現在、私たちの周囲に広がる物質、uとdと名づけられたクォークからなる陽子や中性子からなる世界ができてくる以前の時期に、こうした生き残る過程が存在したことを示している。このような過程が、物質と反物質の間に存在し、これら両者の対称性を破ることになったのだと、現在考えられている。

たとえば、負電荷のミューオンと名づけられた中間子に分類される粒子は一〇〇万の一秒の寿命で、電子（負電荷をもつ）と反電子ニュートリノ、それにミューオン・ニュートリノに崩壊する。それに対し、正電荷のミューオンは、同じ長さの寿命で、陽電子と電子ニュートリノと反ミューオン・ニュートリノに崩壊する。

これら二つの崩壊過程は、物質と反物質についてまったく同じである。ただ、違うのは、前者が物質に属するミューオンの崩壊に当たり、後者が反物質に属するミューオン、つまり反ミューオンの崩壊に当たることである。

崩壊して作られたニュートリノの種類が物質と反物質で入れ替わっているだけである。もし、これら崩壊過程に違いがあったとしたら、生成されてくる電子、陽電子、ミューオン・ニュートリノ、反ミューオン・ニュートリノ、電子ニュートリノ、反電子（陽電子）ニュートリノの数に違いが生じるはずである。

こうした違いがK中間子（ケーオンと呼ぶ）が崩壊の際に存在することが発見されており、この崩壊過程は、この宇宙が物質からなることを証明するものだと考えられている。そうではあっても、実際に、この現実世界に存在する物質、たとえば陽子や中性子の崩壊過程でこうした〝非対称〟な現実を見たいものである。

そこで、陽子や中性子も絶対に安定だとは言えないことが、現代物理学の理論から導かれているので、陽子が崩壊する過程を実験的に見つけようと建設されたのが、わが国の神岡研究施設（スーパー・カミオカンデ）やアメリカのIMB研究施設である。

現在までのところ、陽子や中性子の崩壊を実験的に実証することはできていないが、この崩壊が実際にあるとすると、この宇宙の遠い未来では、これらの粒子は消えてなくなってしまい、宇宙には電子や陽電子、これらの粒子の仲間である電子ニュートリノ、反電子ニュートリノの海と光子とからなる世界が形成されることになる。

ここでは、これらの粒子群のゆらいだ状態が見られるだけで、当然のことながら、生命は存在しない。時間の過ぎない世界、言い換えれば、生々流転する現象が全然起こることのない世界だけがあることになる。

こんな味気ない世界を想像したくはないが、現代物理学はこのような未来を予言しているのである。

自分の無知に気づかない人間たち

われわれ人類は、著しい知性の発達によって、文明という生き様を発明し、この文明をさらに発達させる技術を作り出してきた。

物理学をはじめとする科学研究の成果はそれを支え、そのスピードはますます加速されてきている。その結果、この文明の発達に、人類の倫理的行動が追いつけなくなってしまっている。

しかし、この文明の進展は、世界に均一に行き渡らず、国によって大きな差を生じた。これが近代から現代にかけて見られた、いわゆる帝国主義の時代をもたらしたのである。二十世紀の二つの世界大戦を経て、帝国主義下に植民地とされた地域の人々も、今日ではその多くが独立した国家を建設している。

しかしながら、先進国と発展途上国との間では、経済における格差が大きく、外交上の問題となっているだけでなく、国際紛争も巻き起こしている。

科学およびその成果の応用として急速に発展しつつある技術の方面でも、国家間の格差は大きく、現在進行しつつある気候温暖化への対処の仕方や方針に対しても、国家により対応が異なっている。

今後も国際政治の場では、地球環境保全の施策をめぐって、国家間の対立や抗争が止むことなく起こるであろう。気候温暖化の原因をめぐって生じた、その解決へ向けた論議が政治化（politicization）してしまい、国家間の政治的な駆け引きが国益をめぐって起こっているのを見ても、政治家たちが倫理面で大きく立ち遅れていることが分かる。人間は損得勘定をするときには、理性を失ってしまうようである。

現代物理学という自然探求の究極の学問とも言える学の体系が、二十世紀に創造されたことは、人類の知性の素晴らしさを示すものだが、この学問の発展に伴って、道徳や倫理において人間の精神面での進歩があったかと尋ねてみると、肯定的に答えることは残念ながらできない。

原子核内部からエネルギーを取り出すことに成功した人類が、このエネルギーを利用した最初の機会は、原子爆弾という兵器の開発とその実際の使用となって訪れた。

現在、いくつかの国で進められている宇宙開発事業も、軍事技術開発と密接に連携して進められている。これにより、国家間の対立は深まりこそすれ、共存にいたる道への展望は閉ざされたままである。

このようなわけで、文明の進歩に対し、未来への明るい展望を期待するのは非常に難しい状況にある。この状況を打開し、未来への展望を切り拓くのは、こうした人類の心の卑小さに気づいた人々である。このような人々が、科学研究に従事する人々の中から出てほしいと期待するのは、私一人ではないであろう。

科学の進歩が著しく、科学と技術の成果に基礎を置いた文明を享受しながら、科学嫌いであるだけでなく、科学の基本的な性格に無理解で、さげすむような言動を浴びせる人々には、未来を切り拓く能力などありえないと断言できるからである。

もちろん、最先端の細かいいろいろな研究上の成果について、すべてに通暁《つうぎょう》することなど、科学者の中で、誰一人としてできはしない。

その点では、科学者はすべて、ある分野における専門家でしかないにもかかわらず、まるで全能であるかのように振る舞う人間が、科学者の中に間々《まま》見受けられる。自分の無知に気づかない人間たち、特に、科学者が全能の存在であるかのように尊大に振る舞うのは、将来の文明にとってきわめて危険である。

人類は成熟した理知的な存在からは、まだまだ遠いところにいるということに気づくべきなのである。自らが主体的に歴史を作っていくのだなどという考えは思い上がりであることに気づき、太陽・地球環境という大きなシステムの中のごく小さく弱い存在が、人類なのだということに思いをいたすべきではないだろうか。

人類は科学による知恵を手に入れながら、その恩恵を受け入れられずにいる人が現代にもたくさんいる。ヒトは、技術の恩恵を受けるだけでなく、その知恵がどのようなものなのかを、少しでも学ばなければならない。

科学という学問の本質が何なのかについて、その基本的な事柄を理解することは誰にでもできるのだということを多くの人々に伝える義務を、科学者は持っている。物理学者をはじめとした科学者一人ひとりがこのことを自覚し、そのための努力をすることが現代ほど強く要請されている時代は、人類史上、多分なかった。

現代文明の未来は、科学者たち、そして人類に大きな責務を課しているのである。

人類はどこに向かうのか——現代をいかに考えればよいか

現在、地球上には六〇億余りの人々が暮らしている。これらの人々は一〇〇余りの国に分かれて生を営んでいる。

彼らが従事する職業にもいろいろなものがあるが、物理学に関わった研究に従事している人の割合は圧倒的に小さいであろう。研究者には属さないが、物理学とその周辺分野について学んでいる教員や技術者まで含めても、地球上の全人口に占める割合は、多分、かなり低いに違いない。

現在のように、資質、経済力その他の能力において、世界の人々の間に大きな格差が存在していることを考えれば、絶対多数を占める人々に、現代物理学の成果や宇宙の歴史についての理解を期待することはほとんど不可能かもしれない。

現代物理学の内容について、大事な事柄を理解しているか、理解しようと試みる人の数が相対的に見て非常に少ないことは、先進国と言われる国々にも見られる。

こうした現状を打破し、多くの人々を物理学好きにしようと試みても、ほとんど無駄な努力に終わってしまう可能性がある。

もし、現在の世界で、政治や経済、あるいは国際問題に関わりを持つ人々の一割でも、現代の物理学研究とその成果を学び取ろうとする意欲があったとしたら、このような人々に教育を施し、現代物理学の学問的内容を理解できるように試みるべきなのだ。

それが成功したら、現在の国際政治の動向には、何らかの変化が望めるのではないか。

しかし、私の見るところでは、これらの人々には、現代物理学について学ぼうとする態度がほとんど認められない。こうした知的怠惰は政治や経済に関わった問題について、国家を率いていこうと試みている人たちの中に多く見られる。

彼らこそ率先して、現代物理学とその成果について学ばなければならないと私は考えているのだが、こうした動きは、どこの国にも見られない。

このような次第で、人類の未来について大きな希望を抱くことはできず、どちらかといえば私は絶望的であると考えている。

人類の一人ひとりが、現代物理学の成果について学び、この宇宙の姿がいかなるものかについて理解することができれば、この世界を今後どのように扱ったらよいかについての展望が開かれることになろう。

現在のように、国家間に越えられぬ格差があり、それが拡大しつつある時代にあっては、人々の知的水準の強化が最も望まれる。

現在に生きる私たちは、未来の人類の行方に対し、責任を負っている。この責任を全うするには、人々の知的レベルに見られる大きな格差を縮小するように努めることが、まず最初になされるべきことであろう。

エピローグ――ヒトが築いた文明はどこに

二十一世紀を迎えた今、過ぎ去った二十世紀を振り返ってみると、世界の多くの国を巻き込んだ大戦が二度もあった混乱の時代であった。だが、これは過ぎ去ったことではなく、現在でも国家間の対立による紛争や不信は続いている。

宇宙の大きさから見れば小さなこの地球という天体に生を営む人類は、この天体の将来をいかにすべきか、いかに保全のための施策を立てるべきかなど、国際間の懸案となる幾多の課題について、今もまだ理解や合意が不可能な状態にある。

他方で、二十世紀に建設された現代物理学は、この自然界を形成する物質の基本構造と、その振舞いについて、その全容をほぼ解き明かし、宇宙がいかに進化してきたかについて、その具体的な姿が私たちの前に、その全貌を現わしつつある。

現代物理学の成立以後、人類は原子核内に蓄積されているエネルギーを取り出すことに成功するなど、科学、特に現代物理学がもたらした研究成果に拠《よ》って立つ技術が発展した。

現代の文明の様相が、科学と技術の文明と呼ばれるものへと変貌したのである。

そうした急速な技術の発展の結果、大部分の人間は、こうした文明が提供する生活上に必須な種々の道具や器具に囲まれていながら、それらの原理に対し、その基本的なことすら理解できない状況となってしまっている。

人類は、自分たちの手と頭脳で創造した文明に対して追いつくことができなくなってしまいつつあり、しかもそれを意識していないのである。現代は、このような時代だが、この傾向は今後強まりこそすれ、弱まることなど全然予想できない。

このような変貌の下では、従来の伝統的な生活様式に根ざした人々の生き方に関わる価値観というか、生き方の指針、または手本となるものが失われていった。

かつては村落共同体のような小さなコミュニティーの中に、人間一人ひとりが抱かれて、その中で生まれ成長し、生涯を送ったし、その中で人々に共通の道徳や倫理をめぐる共通の価値体系、あるいは価値観があった。

文明の進展、そしてそれに伴う変化があまりに急激に起こる現代では、こうした価値観に身を委《ゆだ》ねることができない。人々は一人ひとりが自分の価値観を自ら紡《つむ》ぎあげねばならず、それぞれが孤独な精神的状況へと追い込まれていく。孤独な群衆が、先進国といわれる国々の中で作られていく。

後進国とて事情は似ており、先進国へ追いつくために急激な社会変化が起きており、多くの人々がこのような動きについていけず放置された状態に置かれている。

現代は、このように孤独と不安の時代であると言える。こうした時代においては、ごく少数の限られた人たちが、いろいろな分野での未来を決定するようになってしまっている。

現代物理学と呼ばれる自然科学諸分野の中で、最も基礎的で難解だと、多くの人々に思い込まれている分野でも同様である。

現代物理学の中でも、最先端と目されている分野で、指導的役割を果たしている研究者の数は、ごく少数なのである。科学の領域にも知的エリートと呼ばれる限られた数の研究者がおり、彼らの言動は、学問全体の動向さえ左右しかねない状況にある。

学問が進歩すれば、それだけ高度の理解力、それに実験研究のための種々の器具も、高度な精密化が要求され、学問自身が、ごく少数の限られた知的エリートの占有物となる。

それとともに、研究分野のそれぞれが高度に専門化されてしまい、研究者たち自身でさえ、自分が専門とする研究分野以外については、無知の状態に陥《おちい》ってしまう危険性がある。

こんな文明世界を人々は志向してきたのだろうか？

このような姿の人間が、はたして幸せだと言えるであろうか？

ごく少数の科学研究における知的エリートも、万能と言える存在ではなく、政治や経済、あるいは文化に関する事柄では、私たち平均人とほとんど違いはない。こうした点についてわきまえておかないと、とんでもない思い上がった言動がなされたりするようになる。

現に、このような人たちがすでに現われている。神を「演ずる」傲慢《ごうまん》な人間が、こうした知的エリートの中に出てくる危険性があることに、私たちは常に注意を怠ってはならない。

人類は、高度に発達した科学と技術の成果に基づく文明を享受しているが、この地球上に生を営むすべての人々に、この文明がもたらした豊かさが及んでいるわけではない。先進国と呼ばれるいくつかの国家に住む人々の多くに、その恩恵は限られているのである。これらの先進国でも、人々の暮らしに階層化が見られ、富む人と貧しい人との間には、生活面で大きな差が生じつつある。

科学や技術の研究・開発の面で、文明の方向をリードする少数の限られた数の知的エリート（テクノクラート）や、その動向を政策面で支える、やはり限られた数の知的エリート（アリストクラート）の両階級に属する人々と、大衆（mass）との間の大きな隔たりが、先進国のみならず発展途上国といわれる国々にも生じつつある。

だいぶ以前のことになるが、イギリスの作家オールダス・ハックスリーが『すばらしい新世界（Brave New World）』の中で描いた未来世界が、次世代以後あまり年を経ずに現実のものとなって、人類の文明の様式を完全に変えてしまう可能性がある。

その際に、この作家も憂慮していたように、知性の発達すら顧《かえり》みられないで、知的エリートの意のままに生活様式までもコントロールされて生きる大多数の孤独な群衆が現われてくることになろう。このような事態は、人間性に対する冒瀆《ぼうとく》であると言えよう。

このようないわば無知のままに放置された大衆を作り出す機構に対し、私たち人類は二十世紀の歴史の中で状況は大きく異なるが、実際に経験している。

一九一〇年代末に、国家として成立した共産主義を標榜《ひょうぼう》したソビエト・ロシアは、一九九一年夏に事実上崩壊するまで、情報操作と国家権力による人権抑圧の下に恐怖政治体制を敷き、ごく少数のノーメンクラツーラと呼ばれた国家権力の中枢に位置する人々が支配する国家であった。

このような国家体制に対し、痛烈な批判を浴びせた作家がジョージ・オーウェルであった。彼は『一九八四年（Nineteen Eighty-Four）』や『動物農場（Animal Farm）』で、この国家の体制が、その維持において、どのような手段を弄《ろう》したかについて詳細に描写している。このような国家は現在も、この地球上に存在しており、その維持のために厳しい情報操作を実施している。

現代物理学とその周辺の諸科学の進歩は、今後も続いていくであろうが、これらの科学の成果が、先に挙げたような国家に独占されるような事態が生じたら、これらの成果は、ごく少数の権力機構に加わることのできた人々に恩恵をもたらすだけのものと成り果てることであろう。

そうなれば、大多数の人々は、孤独な群衆として知的な面だけでなく、経済的にも道徳的にも惨憺《さんたん》たる状態のままに取り残されるであろう。現実に、このような国家が存在してきたし、今もその可能性が残っているという事実を、私たちは忘れてはならない。

不完全なものだとの批判もなされているが、自由と民主主義という相矛盾する思想を、寛容の精神の下に許容してきた国家が、地球上にあって将来栄える文明を担っていかなければならないのである。

このような国家の中で、現代物理学とこの学問の発展に伴って、研究の最前線を大きく拡張し、進歩を遂げてきた諸科学が、自由と民主主義の旗印の下に進展していくのであろう。

科学と技術に基礎を置いた現代文明は、人間が築いてきたものである。人間が築いたものであるから、当然不完全なものであるが、この文明を将来の人類にとって大切な遺産とできるように努力するのが、現在に生きる私たち一人ひとりのなすべき義務であろう。私たちは未来から、大きな責任を委託されているのである。

ヒト科ヒトに分類される知的生命として存在する我々が、このような大きな責任を果たすことができて初めて、ヒトは神に近づき、神の代理人としての役割を果たすことができたと言いうるのであろう。

このようなことが、ヒトの事業として達成できて初めて、ヒトは「宇宙の意志」を体現できたと言えることになるだろう。

切りとり線

読者のみなさまへ

この本をお読みになって、どのような感想をお持ちでしょうか。次ページの「100字書評」を編集部までお寄せいただけたら、ありがたく存じます。今後の企画の参考にさせていただきます。もちろん、通常のお手紙でも、電子メールでも結構です。その場合は、書名を忘れずにご記入下さい。

頂戴した「100字書評」は、事前にご了解をいただいた上で、新聞・雑誌等に掲載することがあります。その場合は、謝礼として特製図書カードを差し上げます。

なお、ご記入いただいたお名前、ご住所、ご連絡先等は、書評紹介の事前了解、謝礼のお届けのためだけに利用し、そのほかの目的のために利用することはありません。またそのデータを、6カ月を超えて保管することもありませんので、ご安心ください。

〒101―8701（お手紙は郵便番号だけで届きます）
祥伝社　書籍出版部　編集長　角田　勉
電話03（3265）1084　Mail Address:nonbook@shodensha.co.jp

◎本書の購買動機

＿＿＿＿新聞の広告を見て	＿＿＿＿誌の広告を見て	＿＿＿＿新聞の書評を見て	＿＿＿＿誌の書評を見て	書店で見かけて	知人のすすめで

100字書評

なぜ宇宙は人類をつくったのか

住所

なまえ

年齢

職業

桜井邦朋（さくらい・くにとも）
昭和８年生まれ。神奈川大学名誉教授。理学博士。
京都大学理学部卒。京大助教授を経て、昭和43年、NASAに招かれ主任研究員となる。昭和50年、メリーランド大教授。帰国後、神奈川大学工学部教授、工学部長、学長を歴任。ユトレヒト大学、インド・ターター基礎科学研究所、中国科学院、台湾国立中央大学などの客員教授も務める。現在、早稲田大学理工学総合研究センター客員顧問研究員として、研究と教育にあたっている。著書多数。

なぜ宇宙《うちゆう》は人類をつくったのか
――最先端《さいせんたん》の現代物理学《げんだいぶつりがく》が解明《かいめい》した「宇宙《うちゆう》の意志《いし》」

平成20年12月10日　初版第１刷発行

著者―――桜井邦朋《さくらいくにとも》
発行者――深澤健一
発行所――祥伝社《しようでんしや》
〒101-8701　東京都千代田区神田神保町3-6-5
電話　03-3265-2081（販売）　03-3265-1084（編集）
03-3265-3622（業務）
印刷―――萩原印刷
製本―――関川製本

ISBN978-4-396-61320-4　C0044
祥伝社のホームページ・http://www.shodensha.co.jp/

《話題のベストセラー》

齋藤孝のざっくり！世界史

歴史を突き動かす
「5つのパワー」とは

「感情」から現代を読みとく！
モダニズム・帝国主義・欲望・モンスター・宗教
5つのパワーから世界史の本当の面白さが見えてくる

祥伝社